21 世纪全国高职高专电子信息系列技能型规划教材

电子产品生产工艺与管理

主　编　徐中贵
副主编　张立红　王　芳

北京大学出版社
PEKING UNIVERSITY PRESS

内 容 简 介

本书是在总结近几年"电子产品生产工艺与管理"课程教学和改革实践的基础上,针对电子产品生产企业装接工、工艺员、品质检验员和生产管理员等岗位工作任务,结合电子设备装接工职业资格考核的要求,编写而成。

本书采用任务驱动,以任务导入为引领,教、学、做为一体。内容深入浅出,主要培养学生对常用电子元器件及基本材料和工具的使用,电子产品的装配准备工艺、线路基板焊接工艺、电子产品组装与调试工艺、电子产品检验与包装工艺及电子产品生产工艺等的文件编制;同时培养学生根据企业实际条件决定生产工艺方案的管理意识、质量意识和分工协作团队意识。

本书适合高等职业学校、成人高等院校、继续教育学院和中等职业学校等电子信息类专业教学使用,也可供技能型紧缺人才培养使用、相关技术人员参考。

图书在版编目(CIP)数据

电子产品生产工艺与管理/徐中贵主编. —北京: 北京大学出版社, 2015.9
(21世纪全国高职高专电子信息系列技能型规划教材)
ISBN 978-7-301-26156-9

Ⅰ. ①电… Ⅱ. ①徐… Ⅲ. ①电子产品—生产工艺—高等职业教育—教材②电子产品—生产管理—高等职业教育—教材 Ⅳ. ①TN05

中国版本图书馆 CIP 数据核字(2015)第 180972 号

书 名	电子产品生产工艺与管理	
著作责任者	徐中贵 主编	
责 任 编 辑	刘晓东	
标 准 书 号	ISBN 978-7-301-26156-9	
出 版 发 行	北京大学出版社	
地 址	北京市海淀区成府路 205 号 100871	
网 址	http://www.pup.cn 新浪微博: @北京大学出版社	
电 子 信 箱	pup_6@163.com	
电 话	邮购部 62752015 发行部 62750672 编辑部 62750667	
印 刷 者	北京溢漾印刷有限公司	
经 销 者	新华书店	
	787 毫米×1092 毫米 16 开本 16.5 印张 384 千字	
	2015 年 9 月第 1 版 2015 年 9 月第 1 次印刷	
定 价	38.00 元	

前　言

根据教育部《关于全面提高高等职业教育教学质量的若干意见》（教高〔2006〕16号）文件中明确提出的"高等职业教育培养的是高素质技能型专门人才，要以服务为宗旨，以就业为导向，走产学结合的发展道路"的方针，编者对原有的课程体系进行改革，研究开发出结合生产实际的教材。本书是衢州职业技术学院校企合作开发课程建设项目，是"电子产品生产工艺与管理"课程配套教材。

本书的内容、教学过程与评价都围绕培养职业能力来进行编写。本书分为2个单元，第一单元为手工焊接技术为主的电子产品生产工艺与管理，由5个模块构成；第二单元为电子产品自动焊接的生产工艺与管理，由2个模块构成。每个模块都是以任务驱动的模式，首先进行任务所需的相关知识学习，再进行相应能力训练，最后进行任务总结评价。这样教师仅仅是组织者，而学生的主体性和主动性得以充分体现，以便培养学生的自学能力、创新能力和可持续发展能力。

本书由衢州职业技术学院徐中贵担任主编，巨化集团公司张立红和常山一中王芳担任副主编，并得到了东阳金螺泵技术有限公司、衢州恒威电子科技有限公司和百事得电子科技有限公司的大力支持。本书具体编写分工为：徐中贵编写单元一的5个模块，张立红编写单元二的2个模块，王芳负责全书统稿。

在编写过程中，参阅了大量的文献、资料，在此对这些文献、资料的作者表示诚挚的感谢。

由于编者水平有限，加之时间仓促，书中的疏漏之处在所难免，恳请广大读者批评指正。

编　者

2015年4月

目　　录

第一单元　手工焊接技术为主的电子产品生产工艺与管理

第二单元　电子产品自动焊接生产工艺与生产管理

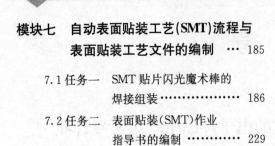

第一单元

手工焊接技术为主的
电子产品生产工艺与管理

1. 实现方案和项目提出

本单元主要针对电子产品生产企业的生产技术工人、工艺员和品质管理员等岗位所从事的分拣与测试电子元器件、识读电子产品工艺文件、手工焊接电子线路板、装配电子产品、检验电子产品质量等典型工作任务进行分析，归纳总结出其所需要的电子产品生产、组装、调试、检测、检验等能力要求。本单元主要的能力目标和知识目标见单元1表1。

单元1表1 本单元主要的能力目标和知识目标

能力目标	知识目标
会使用常用工具、仪器及设备对元器件进行质量检测	通孔插装元器件（电阻、电容、电感和变压器、半导体器件、常用集成电路、桥堆、晶闸管、开关件、接插件、熔断器、电声转换器件、声电转换器件、压电转换器件、半导体传感器等）的基本知识
正确选择装接材料与装接工具	电子电路原理图、PCB图、装配图识读知识
能分拣元器件，按照工艺要求进行元器件成形操作、元器件插装与导线加工	常用材料、工具的性能知识
能正确使用电烙铁焊完成焊接、补焊、装配，会使用常用工具和仪器进行整机装配、调试和质量检验	手工焊接技术及焊接缺陷分析与检查
能选择并使用适合的测试仪器进行产品功能测试，并能评价测试结果	元器件焊接和拆焊基础知识
能根据工作子任务的需要使用各种工具和媒体独立收集资料，并能针对子任务筛选有用信息	总装的顺序、基本要求及质量检查

本单元内容是通孔插装(THT)、手工焊接技术为主的电子产品生产工艺与生产管理，为了达到能力目标和知识目标，选取"S66E六管超外差收音机组装与调试(侧重于分立元件)""大屏幕数字钟组装与调试(侧重于集成电路)""手机万能七彩充电器(综合应用)"3个实用项目为载体，通过5个模块来整合序化教学内容，使教、学、做结合，理论与实践一体化。

2. 项目分析与实施思路

3个项目虽然是并联关系，但侧重点不同。"S66E六管超外差收音机组装与调试"侧重于分立元件，"大屏幕数字钟组装与调试"侧重于集成电路，而"手机万能七彩充电器"则是综合应用，帮助读者更好地巩固知识和技能。具体实施可以根据课程总学时数进行取舍和调整。对3个项目的实施，通过5个模块整合序化来进行。每个模块由若干个任务组成，每个任务都安排了相关知识学习、相应能力训练和任务总结评价3部分内容。

1) S66E六管超外差收音机组装与调试(侧重于分立元件THT技术)

(1) 电路原理图如单元1图1所示。

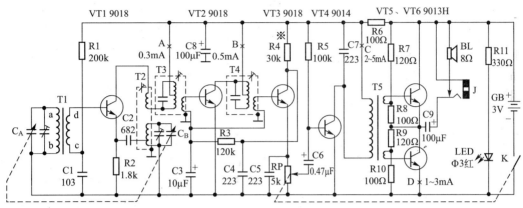

注：1. 调试时请注意连接集电极回路A、B、C、D(测集电极电流用)；
2. 中放增益低时，可改变R4的阻值，声音会提高。

单元1图1 S66E 六管超外差收音机组的电路原理图

(2) 电路特点：输入电路从天线上接收到的各种高频信号中选择出所需要的电台信号并送到变频级；变频级再将输入电路选出的信号与本机振荡器产生的振荡信号在混频电路中进行混频，混频后得到一个固定的频率(465kHz)的中频信号；而后信号在中频电路中进行放大；因为在混频过程中，产生的信号除原信号频率外，还有二次谐波及两个频率的和频和差频分量，所以信号需要经过滤波；信号在检波电路中提取需要的音频信号，滤除不需要的成分；不需要的成分进入 AGC 从而保持输出的相对稳定，最后所需信号经过低放和功放，目的是使输出的功率大，非线性失真小，然后进入扬声器还原声音。

(3) 元器件清单(规格、参数及功能)见单元1表2。

单元1表2 S66E 六管超外差收音机组元器件清单

序号	名称	规格	数量	安装位置
1	电阻	200k	1只	R1
2	电阻	1.8k	1只	R2
3	电阻	120k	1只	R3
4	电阻	30k	1只	R4
5	电阻	100k	1只	R5
6	电阻	100Ω	3只	R6、R8、R10
7	电阻	120Ω	1只	R7、R9
8	电阻	330Ω	1只	R11
9	电位器	5k	1个	RP
10	电解电容	100μF	2个	C8、C9
11	电解电容	10μF	1个	C3
12	电解电容	0.47μF	1个	C6

(续)

序号	名称	规格	数量	安装位置
13	瓷片电容	223	3个	C4 C5 C7
14	瓷片电容	682	1个	C2
15	瓷片电容	103	1个	C1
16	双联	CBM-223	1只	CA
17	发光二极管	红	1只	LED
18	晶体管	9018	3只	
19	晶体管	9014	1只	
20	晶体管	9013	2只	
21	输入变压器		1只	T5
22	中周	红1黑1白1	3只	
23	连接线	红1黑1黄2	4根	
24	电位器拨盘		1个	
25	调谐盘		1个	
26	周率板		1片	
27	电池极片	正、负极	各1片	
28	磁棒、线圈		1套	T1
29	磁棒支架		1个	
30	双联拨盘螺钉	M2.5×5	2个	
31	电位器拨盘螺钉	M1.7×6	1个	
32	谐调盘螺钉	M2.5×4	1个	
33	机芯自攻螺钉	M2.5×5	1个	
34	喇叭		1个	BL
35	外壳	前、后盖	各1个	
36	说明书		1份	

2）大屏幕数字钟的组装与调试（侧重于集成电路 THT 技术）

（1）电路原理图如单元1图2所示。

（2）电路特点：大屏幕数字钟采用6位数字（二十四小时制）显示，格式为"时时：分分：秒秒"，电路板尺寸为 330mm×70mm，是以前大屏幕数字钟的改进版，解决了以前大屏幕数字钟显示数字"6"和"9"不美观的现象；解决了发光二极管引脚焊盘间距过大容易插坏 LED 的现象；解决了用户自己安装外壳时，电源和外接调时开关不方便安装的现象。该电路为纯硬件电路，每个笔画由3个 LED 组成，频差为—200ppm 的石英晶体定时，走时精度高。工作电压：交流5~9V，直流6~10V，在6V 供电电压下，电流为

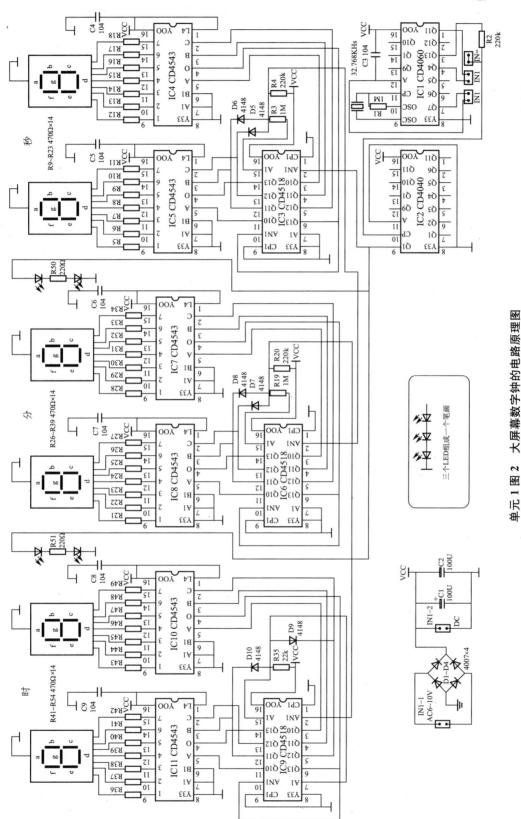

单元1 图2 大屏幕数字钟的电路原理图

35mA。本电子钟用于家中可以自我娱乐和欣赏，用于餐馆、商店、书店等公共场所还有一定的广告效果。

（3）元器件清单（规格、参数及功能）见单元1表3。

单元1表3　大屏幕数字钟元器件清单

序号	名称	规格	数量	位号
1	电阻 1/8W±5%	1M	3	R1、R3、R19
2	电阻 1/8W±5%	22k	1	R35
3	电阻 1/8W±5%	220k	3	R2、R4、R20
4	电阻 1/4W±5%	220Ω	3	R5、R50、R51
5	电阻 1/4W±5%	470Ω	42	R5~R18 R21~R34 R36~R49
6	跳线	220	22	J1—J23（没有J2）
7	电解电容	100U 16V	2	C1、C2
8	瓷片电容	104	7	C3~C9
9	二极管	IN4007	4	D1~D4
10	二极管	IN4148	6	D5~D10
11	集成电路	CD4060	1	IC1
12	集成电路	CD4040	1	IC2
13	集成电路	CD4518	3	IC3、IC6、IC9
14	集成电路	CD4543	6	IC4、IC5、IC7、IC8、IC10、IC11
15	晶振	32.768kHz	1	
16	发光二极管	红 3	130	
17	电源输入	（5针中间空的拔掉）	5针	插针　1
18	时间设置		2针	3
19	电路板		1个	1

3）手机万能七彩充电器的组装与调试（THT技术综合应用）

（1）手机万能七彩充电器的电路原理图如单元1图3所示。

（2）电路特点如下。

① 开关电源电路：开关电源是一种利用开关功率器件并通过功率变换技术而制成的直流稳压电源，具有对电网电压及频率的变化适应性强等优点。本套件利用间歇振荡电路组成的开关电源，也是目前广泛使用的基本电源之一。当接入电源后，通过整流二极管VD1、R1给开关管Q1提供启动电流，使Q1开始导通，其集电极电流 I_c 在L1中线性增长，在L2中感应出使Q1基极为正，发射极为负的正反馈电压，使Q1很快饱和。与此同

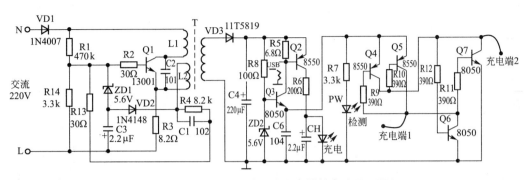

单元1图3 手机万能七彩充电器的电路原理图

时，感应电压给 C1 充电，随着 C1 充电电压的增高，Q1 基极电位逐渐变低，致使 Q1 退出饱和区，I_c 开始减小，在 L2 中感应出使 Q1 基极为负、发射极为正的电压，使 Q1 迅速截止，这时二极管 VD1 导通，高频变压器 T 初级绕组中的储能释放给负载。在 T1 截止时，L2 中没有感应电压，直流供电输人电压又经 R1 给 C1 反向充电，逐渐提高 Q1 基极电位，使其重新导通，再次翻转达到饱和状态，电路就这样重复振荡下去。这里就像单端反激式开关电源那样，由变压器 T 的次级绕组向负载输出所需要的电压，在 C4 的两端获得 9V 的直流电，供充电电路工作。

② 充电电路。Q2 与 CH（七彩发光二极管）组成充电指示电路。R7 与 PW（红色二极管）组成电池好坏检测及电源通电指示电路。Q4、Q5、Q6、Q7 组成自动识别电池极性的电路。当充电端 1 接电池的正极，端 2 接电池的负极时，充电回路是电源的＋Q5（发射极）、Q5（集电极）端 1 接＋Q7（饱和）端 2 接－；当充电端 2 接电池的正极，端 1 接电池的负极时，充电回路是电源的＋Q4（发射极）Q4（集电极）端 2 接＋Q6（饱和）端 2 接－。如此即可完成自动极性的识别，保证充电回路自动工作。

（3）元器件清单（规格、参数及功能）见单元 1 表 4。

单元1表4 手机万能七彩充电器元器件清单

序号	名称	规格	数量	元件位置
1	电阻	8.2Ω	1只	R3
2		6.8Ω	1只	R5
3		30Ω	2只	R2、R13
4		200Ω	1只	R6
5		100Ω	1只	R8
6		3.3k	2只	R14、R7
7		8.2k	1只	R4
8		470k	1只	R1
9		390Ω	4只	R9、R10、R11、R12
10	二极管	IN4148	1只	D2
11		IN4007	1只	D1

（续）

序号	名称	规格	数量	元件位置
12		IN5819	1只	D3
13	稳压二极管	5.6V	1只	ZD1
14	稳压二极管	5.6V	1只	ZD2
15	晶体管	13001	1只	Q1
16	晶体管	8050	3只	Q3、Q6、Q7
17	晶体管	8550	3只	Q2、Q4、Q5
18	瓷片电容		1只	C2
19	瓷片电容		1只	C1
20	瓷片电容		1只	C6
21	电解电容		2只	C3、C5
22	电解电容		1只	C4
23	LED灯		1只	PW
24	LED灯		1只	CH
25	PCB板	松香板	1个	58mm×37mm×1.2mm
26	USB插座	六角	1个	13mm×14mm×7mm
27	高频变压器		1个	T
28	导线	红黑各2	4根	35mm、55mm
29	外壳	前后盖，塑料面壳和把手	1套	
30	金属片	卡针片，连接片	各2	
	弹簧	左右各1	2个	
	轴		1个	
31	自攻螺钉		3颗	
32	胶垫和标签		各1张	
33	说明书		1份	

模块一

电子元器件识别与检测

1.1 任务一 电阻器的识别与检测

1.1.1 相关知识学习

1. 电阻的分类

(1) 按照制造工艺材料不同分类，电阻可分为以下几类。

① 合金型：由块状合金拉制、压制而成，如线绕电阻、紧密合金箔电阻。

② 薄膜型电阻：在基体上沉淀一层电阻薄膜，如碳膜、金属膜、金属氧化膜等。

③ 合成型：电阻体由导电颗粒和化学粘结剂混合而成，如实心电阻、合成膜电阻。

(2) 按使用范围、用途不同分类，电阻可分为以下几类。

① 通用电阻器：能适应一般技术要求的电阻。

② 精密型电阻器：有较高的精密度和稳定性。

③ 高频型：电阻的自身电感极小，常称为无感电阻。

④ 高压型：用于高压装置中，可耐高压。

⑤ 高阻型：阻值在 10MΩ 以上的电阻。

⑥ 集成电阻(电阻排)：电阻网络，由多个电阻组成。

(3) 按阻值可否调节，电阻可分为以下几类。

① 固定电阻器：阻值固定的电阻。

② 可变电阻器：阻值连续可变的电阻。

(4) 按焊接应用不同分类，电阻可分为以下几类。

① 普通电阻：采用通孔式安装方式。

② 贴片电阻：呈片状，颜色为黑色，一般采用数码法表示阻值，采用表面安装方式。

(5) 其他电阻介绍。

① 保险电阻（熔断电阻）：保险电阻兼备电阻与熔丝二者的功能，平时可当作电阻使用，一旦电流异常时就发挥其熔丝的作用来保护机器设备。保险电阻在电路中起着熔丝和电阻的双重作用，主要应用在电源输出电路中。保险电阻的阻值一般较小(几欧姆至几十欧姆)，功率也较小(1/8～1W)。电路负载发生短路故障出现过电流时，保险电阻的温度在很短的时间内就会升高到 500～600℃，这时电阻层便受热剥落而熔断，起到熔丝的作用，达到提高整机安全性的目的。

② 水泥电阻：一种绕线电阻，是将电阻线绕于耐热瓷件上，外面加上耐热、耐湿及耐腐蚀材料保护固定而成。水泥电阻通常是把电阻体放入方形瓷器框内，用特殊不燃性耐热水泥填充密封而成，外形像一个白色长方形水泥块，故称水泥电阻。水泥电阻具有功率高、散热性好、稳定性高、耐湿、耐震等特点，主要用于大功率电路中，如电源电路的过流检测、保护电路和音频功率放大器的功率输出电路。

2. 电阻的符号与形状

(1) 电阻的电路符号如图 1.1 所示。

(a) 固定电阻　　　　　(b) 可调电阻　　　　　(c) 电位器

图 1.1　电阻的电路符号

（2）电阻实物图如图 1.2 所示。

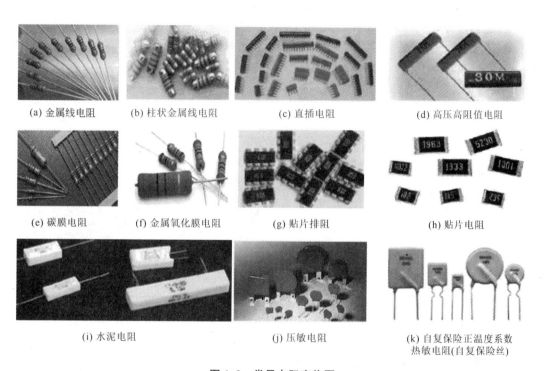

(a) 金属线电阻　　　(b) 柱状金属线电阻　　　(c) 直插电阻　　　(d) 高压高阻值电阻

(e) 碳膜电阻　　(f) 金属氧化膜电阻　　(g) 贴片排阻　　(h) 贴片电阻

(i) 水泥电阻　　　　　(j) 压敏电阻　　　　　(k) 自复保险正温度系数
　　　　　　　　　　　　　　　　　　　　　　　热敏电阻(自复保险丝)

图 1.2　常见电阻实物图

3. 电阻器的型号命名

根据国家标准 GB/T 2470—1995，电阻器型号的命名由 4 个部分组成，如图 1.3 所示。

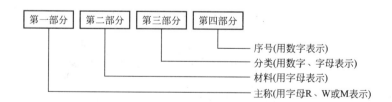

| 第一部分 | 第二部分 | 第三部分 | 第四部分 |

序号(用数字表示)
分类(用数字、字母表示)
材料(用字母表示)
主称(用字母R、W或M表示)

图 1.3　电阻器型号的命名

其中各部分字母的意义见表 1-1。

表1-1　电阻器的各部分字母意义

第一部分		第二部分		第三部分	
用字母表示主称		用字母表示材料		用数字或字母表示电阻器的分类	
序号	意义	符号	意义	符号	意义
R	电阻器	T	碳膜	1	普通
W	电位器	P	硼碳膜	2	普通
M	敏感电阻器	U	硅碳膜	3	超高频
		H	合成膜	4	高阻
		J	玻璃釉膜	5	高温
		J	金属膜	6 和 7	精密
		Y	氧化膜	8	高压
		S	有机实心	9	特殊函数
		N	无机实心	G	高功率
		X	线绕	T	可调
		C	沉积膜	X	小型
		G	光敏	L	测量
		Y	压敏	W	微调
				D	多圈

4. 电阻器的主要性能参数

（1）标称电阻：指电阻器上所标注的阻值。通用电阻的标称值系列见表1-2，电阻标称阻值为表中标称系列值的 10^n 倍，如对应 E12 系列中 1.5 所对应的电阻标称值可为 1.5Ω，15Ω，150Ω，1.5kΩ，15kΩ，150kΩ 和 1.5MΩ。

表1-2　通用电阻标称系列值

标称系列名称	偏差	电阻器的标称阻值
E48 （48 个标称阻值系列）	±1%	1.0，1.05，1.10，1.15，1.21，1.27，1.33，1.40，1.47，1.54，1.62，1.69，1.78，1.87，1.96，2.05，2.15，2.26，2.37，2.49，2.61，2.74，2.87，3.01，3.16，3.32，3.48，3.65，3.83，4.02，4.22，4.42，4.64，4.87，5.11，5.36，5.62，5.90，6.19，6.49，6.81，7.15，7.50，7.87，8.25，8.66，9.09，9.53
E24 （24 个标称阻值系列）	Ⅰ 级 ±5%	1.0，1.1，1.2，1.3，1.5，1.6，1.8，2.0，2.2，2.4，2.7，3.0，3.3，3.6，3.9，4.3，4.7，5.1，5.6，6.2，6.8，7.5，8.2，9.1
E12 （12 个标称阻值系列）	Ⅱ 级 ±10%	1.0，1.2，1.5，1.8，2.2，2.7，3.3，3.9，4.7，5.6，6.8，8.2

（续）

标称系列名称	偏差	电阻器的标称阻值
E6 （6个标称阻值系列）	Ⅲ级 ±20%	1.0，1.5，2.2，3.3，4.7，6.8

（2）允许偏差：标称阻值与实际阻值之间允许的最大偏差范围叫允许偏差（误差）。

$$电阻器的允许偏差=\frac{标称阻值-实际阻值}{标称阻值}\times100\%$$

用字母符号表示偏差时各符号的含义见表1-3。

表1-3　允许偏差的文字符号表示

标志符号	H	U	W	B	C	D	F	G	J	K	M
允许 偏差/%	±0.01	±0.02	±0.05	±0.1	±0.2	±0.5	±1	±2	±5	±10	±20

（3）额定功率：在产品标准规定的大气压和额定温度下，电阻器所允许承受的最大功率称为电阻器的额定功率，又称电阻器的标称功率，其单位为瓦（W）。对于同一类型的电阻来说，体积越大，其额定功率越大。实际使用中，若电阻的实际功率超过额定功率，会造成电阻过热而烧坏。常用的电阻标称功率有1/16W，1/8W，1/4W，1/2W，1W，2W，3W，5W，10W，20W等。

（4）温度系数：温度每变化1℃时，引起电阻的相对变化量称为电阻器的温度系数，用α表示。

$$\alpha=\frac{R_2-R_1}{R_1(t_2-t_1)}$$

式中，R_1、R_2分别为温度为t_1、t_2时的阻值。温度系数α可正、可负。如果温度升高，阻值随着增大，称该电阻具有正的温度系数；如果温度升高，阻值随着减小，称该电阻具有负的温度系数。温度系数越小，电阻的稳定性越高。

5. 电阻器阻值的标注

（1）直标法：在电阻体表面直接标示主要参数和技术性能的一种方法，其主要参数和性能指标的内容用阿拉伯数字（或罗马数字）标出，如图1.4所示。

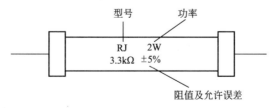

图1.4　电阻直标法

（2）文符法：用阿拉伯数字和文字二者组合来表示阻值，例如，Ω0.1表示为0.1Ω，3k3表示3.3kΩ，1G表示1000MΩ等。

（3）数码法：用3位数字表示电阻阻值（前两位表示阻值的有效数字，第三位表示有效数字后面零的个数），用相应字母表示电阻允许偏差。例如，电阻102J标称阻值为1000 Ω（1kΩ），允许误差为±5%；756K标称阻值为75000000 Ω（75MΩ），允许误差为±10%。电容103的标称电容为10000pF，即0.01μF。

（4）色环法：在电阻器上印制4道或5道色环来表示阻值，5色环电阻的精度高于4色环电阻，阻值的单位为Ω。4色环表示法中第1、2环表示有效数字，第3环表示倍乘数，第4环（偏差环）表示允许误差。5色环表示法中，第1、2、3环表示有效数字，第4环表示倍乘数，第5环（偏差环）表示允许误差。色环一般采用棕、红、橙、黄、绿、蓝、紫、灰、白、黑、金、银12种颜色，它们的意义见表1-4。如电阻器的4道色环依次为黄、紫、红、金，则其可记为$47×10^2±5\%\,Ω$，即阻值为4.7kΩ，误差为±5%。电阻器的5道色环依次为红、黄、黑、金、棕，则其可记为$240×10^{-1}±1\%\,Ω$，即阻值为24Ω，误差为±1%。

注意：更靠近电阻体引线的色环为第一环，离电阻体引线远一些的色环为最后一环（即误差环），误差环与其他环的间距也要大一些；若两端色环离电阻体两端引线等距离，可借助于电阻的标称值系列特点、色环符号规定中有效数字与误差的特点来判断。

表1-4　色环符号的规定

色环颜色	有效数字	倍乘数	允许误差
黑	0	$×10^0$	
棕	1	$×10^1$	±1%
红	2	$×10^2$	±2%
橙	3	$×10^3$	
黄	4	$×10^4$	
绿	5	$×10^5$	±0.5%
蓝	6	$×10^6$	±0.25%
紫	7	$×10^7$	±0.1%
灰	8	$×10^8$	
白	9	$×10^9$	
金		$×10^{-1}$	±5%（J）
银		$×10^{-2}$	±10%（K）
无			±20%

6. 电阻器的检测

（1）固定电阻器的检测：测量时，将万用表装置于电阻挡的适当量程，两表笔分别接在电阻器的两个引脚上，然后读出阻值。

（2）敏感电阻器的检测：若敏感源发生变化时，敏感阻值也明显变化，说明该敏感电阻是正常的；若敏感阻值变化很小或几乎不变，则说明该敏感电阻出现故障。

（3）电位器的检测：测量时选用万用表电阻挡的适当量程，将两表笔分别接在电位器两个固定引脚焊片之间，先测量电位器的总阻值是否与标称阻值相同，若测得的阻值为无穷大或较标称阻值大，则说明该电位器已开路或变值损坏。然后将两表笔分别接电位器中心头与两个固定端中的任一端，慢慢转动电位器手柄，使其从一个极端位置旋转到另一个极端位置，万用表指针指示的阻值应从标称阻值（或0Ω）连续变化至0Ω（或标称阻值），整个旋转过程中，数值应平稳变化，而不应有任何跳动现象；若在调节电位器手柄的过程中，阻值有跳动现象，则说明该电位器存在接触不良的故障。

（4）注意事项。

① 测试时，特别是在测几十千欧以上阻值的电阻时，手不要触及表笔和电阻导电部分；被检测的电阻应从电路中焊下来，至少要焊开一端，以免电路中的其他元器件对测试产生影响，造成测量误差。

② 色环电阻的阻值虽然能以色环标识来确定，但在使用时最好还是用万用表测试一下其实际阻值。

1.1.2 相应技能训练

1. 材料准备

项目清单中的电阻器和电位器。

2. 使用的设备工具

数字万用表、指针万用表。实物如图1.5所示。

图1.5 设备工具图

3. 任务内容

根据3个项目的清单，对其中的电阻器和电位器进行直观识别，熟悉电阻器的外形和标志，识读不同标志方法电阻的标称值、允许误差及其他参数。

4. 动手做做看

将3个项目的清单中的电阻器和电位器识读电阻的标称值、允许误差及其他参数，并记录在表1-5中。

表1-5 电阻器和电位器直观识别和检测

名称	标记方法	标志内容	电阻的识读结果		用万用表测量的结果		性能分析
			标称读值	允许偏差	测量阻值	实际偏差	

1.1.3 评价标准

评价标准见表1-6。

表1-6 评价标准表

班级		学号		姓名		成绩		
考核点	观察点	分值	要求			自评	小组评价	教师评价
工作态度 团队精神 （20%）	考勤	5	无旷课、迟到、早退现象					
	学习工作态度	5	学习积极性高，有严谨的工作作风和敬业精神，质量意识强					
	团队协作精神	5	具有良好的团队合作精神，能主动与人合作、参与团队工作，与人交流和协商					
	5S纪律	5	工具、仪器、材料做到定位放置，安全、文明操作，现场整洁卫生，做到及时清理、清扫					

（续）

班级		学号		姓名		成绩		
考核点	观察点	分值	要求			自评	小组评价	教师评价
技能操作（60%）	操作前的准备	10	仪器使用说明学习认真，仪器操作步骤和注意事项编写正确					
	操作规范和生产工艺	40	仪器使用操作规范，电阻元器件测试结果正确					
	学习工作记录	10	学习记录真实，内容正确，字迹工整					
总结反思（10%）	现场总结和答辩	10	能及时对学习过程进行总结与反思，能正确回答同学、老师提出的问题					
总结作业（10%）	作业	10	及时、认真、正确完成每次布置的作业，能有条理地表达自己的思想、态度和观点，条理清晰，内容完整					
合计								

1.2 任务二 电容器的识别与检测

1.2.1 相关知识学习

1. 电容器的用途

电容器是一种储能元件，在电路中用于调谐、滤波、耦合、旁路、能量转换和延时。它是电子设备中最基础也是最重要的元件之一，基本上所有的电子设备，小到移动电话、数码相机，大到航天飞机、火箭中都可以见到它的身影。

2. 电容器的种类

电容器按其结构可分为固定电容器、半可变电容器、可变电容器 3 种；按其介质材料可分为电解电容器、云母电容器、瓷介电容器、玻璃釉电容等；按用途可分为耦合电容、旁路电容、隔直电容、滤波电容；按极性可分为有极性电容、无极性电容。

3. 电容器的符号与形状

电容器的符号如图 1.6 所示。

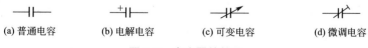

(a) 普通电容　　　(b) 电解电容　　　(c) 可变电容　　　(d) 微调电容

图 1.6 电容器的符号

常用的电容器外形图如图 1.7 所示。

(a) 铝电解电容　(b) 纸介电容　(c) 油浸纸介电容　(d) 陶瓷电容

(e) 薄膜电容　(f) 云母电容　(g) 半可变电容　(h) 可变电容

图 1.7　常用的电容器外形图

4. 电容器的命名

国产电容的型号一般由 4 个部分组成，例如，CBB12 代表非封闭性丙烯电容器。

C——第 1 部分，用字母 C 表示电容器。

BB——第 2 部分，用字母表示介质材料，字母含义见表 1-7。

1——第 3 部分，用数字(个别用字母)表示分类，数字和字母含义见表 1-8。

2——第 4 部分，用字母表示产品序列(外形和性能不同)。

表 1-7　电容型号第 2 部分的含义

字母	电容介质材料
A	钽电解
B(BB，BF)	聚苯乙烯等非极性薄膜(常在 B 后再加一个字母区分具体材料)
C	高频陶瓷
D	铝电解(普通电解)
E	其他材料电解
G	合金电解
H	纸膜电解
I	玻璃釉
J	金属化纸介
L(LS 等)	聚酯等有极性有机薄膜(常在 L 后再加一个字母区分具体材料)
N	铌电解
O	玻璃膜
Q	漆膜

（续）

字母	电容介质材料
S（T）	低频陶瓷
V（X）	云母纸
Y	云母
Z	纸质

表 1-8　电容型号第 3 部分的含义

数字及字母	瓷介电容	云母电容	有机电容	电解电容
1	圆形	非密封	非密封	箔式
2	管型	非密封	非密封	箔式
3	叠片	密封	密封	烧结粉，非固体
4	独石	密封	密封	
5	穿心		穿心	
6	支柱型等			
7				无极性
8	高压	高压	高压	高压
9			特殊	特殊
G	高频率			
T	叠片式			
W	微频电容			

5. 电容器的标注

（1）直标法：直标法是电解电容器或体积较大的无极性电容器采用的方法，标称电容的容量、额定电压及允许偏差。如：1p2 表示 1.2pF；1n 表示 1nF；10n 表示 10nF（0.01μF）；2μ2 表示 2.2μF。也可省略单位，如：1.2、10、100、1000、3300、6800 等容量单位均为 pF；0.1、0.22、0.47、0.01、0.022、0.047 等容量单位均为 μF。

（2）数码法：用 3 位数码表示电容容量的方法。数码按从左到右的顺序，第一、第二位为有效数，第三位为乘数，电容量的单位是 pF。偏差用文字符号表示（与电阻偏差的表示相同）。如电容 103 的标称电容为 10000pF，即 0.01μF。注意：用数码表示法来表示电容器的容量时，若第三位数码是 "9"，则表示 10-1，而不是 109。

（3）色标法：色标法的电容上有 4 色环或 5 色环，读数方式与电阻相同，不能重复。需要注意的是读数后的单位为微法（μF）。例如：棕、黑、橙、金表示其电容量为 0.01μF，允许偏差为±5%；棕、黑、黑、红、棕表示其电容量为 104pF（0.01μF），允许偏差为±

5%。棕、黑、黑、红、棕表示其电容量为 104pF（0.01μF），允许偏差为 ±1%。

6. 电容器的主要性能参数

（1）标称容量：在电容上所标注的电容值。

（2）允许偏差：标称容量与实际容量之偏差与标称容量之比的百分数称电容器允许偏差。

（3）击穿电压：当电容器两极板之间所加的电压达到某一数值时，电容器就会被击穿，该电压叫电容器的击穿电压。

（4）额定工作电压：电容器的额定工作电压又称电容器的耐压，它是指电容器长期安全工作所允许的最大直流电压，其值通常为击穿电压的一半。

（5）绝缘电阻：指电容器两极之间的电阻，也称电容器的漏电阻。绝缘电阻越大，电容器质量越好。电容器的绝缘电阻一般在 $10^8 \sim 10^{10}\Omega$。

（6）损耗因数：通常将电容器在电场作用下因发热而消耗的能量称为电容器的损耗。电容器能量的损耗分为介质损耗和金属损耗两部分，介质损耗包括介质的漏电流所引起电导损耗以及介质极化引起的极化损耗；金属损耗包括金属极板和引线端的接触电阻引起的损耗。电容器损耗因数是衡量电容器品质优劣的重要指标之一。各类电容器都规定了在某频率范围内的损耗因数允许值，在脉冲、交流、高频等电路选择电容器时应考虑这一参数。

（7）电解电容器的漏电流：电容器的介质并不是绝对绝缘的，当在电容器两端加上直流电压时，它便会产生漏电流。一般电解电容器的漏电流较大，其他电容器的漏电流很小。所以，常用漏电流来衡量电解电容器的绝缘质量。

7. 电容器的检测

（1）电解电容极性判断：电解电容是有极性的，判断极性的方法有外表观察法和万用表检测法。外表观察法可根据电解电容引脚长短来判断，长正短负；也可观察外表面，在电解电容外壳上会标注"－"极性符号，由此判断正负极；电容标志不清时，可用指针式万用表 R×10k 挡测量电容器两端的正、反向电阻值，当指针返回稳定时，比较两次所测电阻值读数大小，在阻值较大的一次测量中，黑表笔所接的一端为电容器的正极，红表笔所接的一端是电容器负极。

（2）电容量和绝缘电阻（漏电电阻）等参数的测量。

① 标称容量的检测。目前常用的数字万用表有测量一定容量范围内的电容器容量的功能。测量时，将万用表置于电容挡的适当量程，两表笔分别接在电容器的两个引脚上，然后读出电容量。如果超出万用表的测量范围，再用数字电桥 LCR 进行测量。

② 电容器绝缘电阻的检测。对于容量大于 5100pF 的电容器，用万用表的欧姆挡测量电容器的两引线，应该能观察到万用表显示的阻值变化，这是电容器充电的过程。数值稳定后的阻值就是电容器的绝缘电阻（也称漏电电阻）。数字式万用表显示绝缘电阻在几百千欧以下或者指针式万用表的指针停在距"∞"较远的位置，表明电容器漏电严重，不能使用。

对于容量小于 5100pF 的电容器，由于充电时间很快，充电电流很小，直接使用万用表的欧姆挡就很难观察到阻值的变化。

对于可变电容器的漏电或碰片短路，也可用万用表的欧姆挡来检查。将万用表的两表笔分别与可变电容器的定片和动片引出端相连，同时将电容器来回旋转几下，阻值应该极大且无变化。如果读数为零或某一较小的值，说明可变电容器已发生碰片短路或漏电严重。

③ 电容器损耗因数的检测：用 LCR 数字电桥进行测量。

④ 电解电容器的漏电流：用电解电容漏电流测试仪进行检测。

（3）测量电容参数时应注意以下问题。

① 漏电较小的电容器，万用表所指示的漏电电阻值会大于 $500k\Omega$，若漏电电阻小于 $100k\Omega$，则说明电容器已漏电严重，不宜继续使用。若测量电容器的正、反向电阻值为 0，则该电容器已击穿损坏。

② 对于从电路中拆下的电容器（尤其是大容量和高压电容器），应对电容器先充分放电后，再用万用表进行测量，否则会造成仪表损坏。

1.2.2 相应技能训练

1. 材料准备

项目清单中的电容器。

2. 使用的设备工具

数字万用表、LCR 数字电桥、漏电流测试仪。实物如图 1.8 所示。

图 1.8 设备工具图

3. 任务内容

对项目清单中的电容器，用数字万用表或 LCR 数字电桥测量电容容量；用漏电流测试仪测试电解电容的漏电流。

4. 动手做做看

电容器的识读、检测与分析：根据 3 个项目的清单，用数字万用表或 LCR 数字电桥测量电容容量；用漏电流测试仪测试电解电容漏电流，将结果记录在表 1-9 中，并说明用 LCR 数字电桥测试电容的方法和注意事项，以及用漏电流测试仪测试电解电容漏电流的方法和注意事项。

表 1-9 电容器的识别与检测

电容的类型	电容标识方法	电容的识读结果			检测结果				性能分析
		标称容量	允许偏差	耐压	测量容量	实际偏差	绝缘电阻	漏电流	

写出用 LCR 测量电容容量和漏电流测试仪测试电解电容漏电流的方法与注意事项

1.2.3 评价标准

评价标准见表 1-10。

表 1-10 评价标准表

班级		学号		姓名		成绩		
考核点	观察点	分值	要求			自评	小组评价	教师评价
工作态度团队精神（20%）	考勤	5	无旷课、迟到、早退现象					
	学习工作态度	5	学习积极性高，有严谨的工作作风和敬业精神，质量意识强					
	团队协作精神	5	具有良好的团队合作精神，能主动与人合作、参与团队工作，与人交流和协商					
	5S纪律	5	工具、仪器、材料做到定位放置，安全、文明操作，现场整洁卫生，做到及时清理、清扫					

（续）

班级		学号		姓名		成绩		
考核点	观察点	分值		要求		自评	小组评价	教师评价
技能操作（60%）	操作前的准备	10		仪器使用说明学习认真，仪器操作步骤和注意事项编写正确				
	操作规范和生产工艺	40		仪器使用操作规范，电阻元器件测试结果正确				
	学习工作记录	10		学习记录真实，内容正确，字迹工整				
总结反思（10%）	现场总结和答辩	10		能及时对学习过程进行总结与反思，能正确回答同学、老师提出的问题				
总结作业（10%）	作业	10		及时、认真、正确完成每次布置的作业，能有条理地表达自己的思想、态度和观点，条理清晰，内容完整				
合计								

1.3 任务三　电感器和变压器的识别与检测

1.3.1　相关知识学习

1. 电感器和变压器的作用

电感器是一种利用自感作用进行能量传输的元件，通常由线圈构成，故又称电感线圈。它和电容器一样，也是一种储能元件，在电路中有阻交流、通直流的作用。电感在交流电路中有耦合、滤波、阻流、补偿、调谐等作用。

变压器是一种利用互感来传输能量的元件，是电感器一种特殊形式。它具有变压、变流、变阻抗、耦合和匹配等作用。

2. 电感器和变压器的分类

电感器的种类很多，形状各异。按电感量可分为固定电感器、可变电感器和微调电感器；按导磁性质可分为空芯线圈、磁芯线圈和铜芯线圈等；按用途可分为天线线圈、扼流线圈、偏转线圈、振荡线圈等。

变压器按工作频率可分为高频变压器、中频变压器、低频（音频）变压器、脉冲变压器等；按导磁性质可分为空磁变压器、磁芯变压器、铁芯变压器等。

3. 部分电感器和变压器的符号和外形

电感器和变压器的符号如图1.9所示。

电感器和变压器外形如图 1.10 所示。

(a) 无芯电感　(b) 磁芯电感　(c) 可调电感　(d) 变压器　(e) 变压器　(f) 三绕组变压器

图 1.9　电感器和变压器的符号

(a) 磁环电感器　(b) 磁环电感器　(c) 磁环电感器　(d) 贴片电感器

(e) 开关电源变压　(f) 普通电源变压　(g) 中频变压器

图 1.10　电感器和变压器外形

4. 电感器的主要性能参数

(1) 电感线圈的直流电阻：电感线圈的直流电阻即为电感线圈的直流损耗电阻 R，其值通常在几欧～几百欧之间。

(2) 标称电感量：反映电感线圈自感应能力的物理量，用字母 L 表示，国际单位是亨利（H），常用单位还有毫亨（mH）和微亨（μH）等。1H＝1000mH；1mH＝1000μH。线圈电感量的大小与线圈的直径、匝数、绕制方式、有无磁芯及磁芯材料等有关。通常线圈匝数越多、绕制的线圈越密集，电感量就大；有磁芯线圈比无磁芯线圈电感量大；磁芯磁导率越大的线圈，电感量也越大。

(3) 品质因数：储存能量与消耗能量的比值称为品质因数 Q 值。它具体表现为线圈的感抗 X_L 与线圈的损耗电阻 R 的比值，即

$$Q=\frac{X_L}{R}$$

(4) 分布电容：电感线圈的分布电容是指线圈的匝数之间形成的电容效应。这些电容的作用可以看作一个与线圈并联的等效电容。

5. 变压器的主要特性参数

(1) 变压比 n：变压器的初级电压 U_1 与次级电压 U_2 的比值，或初级线圈匝数 N_1 与次级线圈匝数 N_2 的比值。

(2) 额定功率：在规定频率和电压下，变压器长期工作而不超过规定温升的输出功率。

(3) 效率：变压器的输出功率与输入功率的比值。一般来说，变压器的容量(额定功率)越大，其效率越高；容量(额定功率)越小，效率越低。

(4) 绝缘电阻：变压器各绕组之间以及各绕组对铁芯(或机壳)之间的电阻。

6. 电感器的标注方法

电感器的标注方法与电阻器、电容器相似，也有直标法、文字符号法和色标法。

7. 电感和变压器的性能的检测

1) 电感的检测

(1) 外观检查：查看线圈有无断线、生锈、发霉、松散或烧焦的情况。

(2) 运用 LCR 数字电桥可以准确测量电感线圈的电感量 L 和品质因数 Q。

(3) 万用表检测：用万用表欧姆挡 R×1 挡或 R×10 挡，测电感器电感的直流损耗电阻。若测得线圈的电阻趋于无穷大，说明电感断路；若电阻很小，说明电感器正常；若测得线圈的电阻远小于标称阻值，说明线圈内部有短路故障。在电感量相同的多个电感器中，如果电阻值小，则其 Q 值高。

2) 变压器的性能检测

变压器的性能检测方法与电感大致相同。不同处在于：检测变压器之前，先了解该变压器的连线结构。在没有电气连接的地方，其电阻值应为无穷大；有电气连接之处，应该是规定的直流电阻。

1.3.2　相应技能训练

1. 材料准备

项目清单中的电感和变压器。

2. 使用的设备工具

数字万用表、LCR 数字电桥。

3. 任务内容

对项目清单中的电感和变压器，用 LCR 数字电桥测量电容容量；用数字万用表测试电感和变压器是否损坏。

4. 动手做做看

电感和变压器的识读、检测与分析：根据 3 个项目的清单，识别其中的电感和变压器，识读电感和变压器在不同标志方法中的各种参数，用 LCR 数字电桥测量电感量，并将结果记录在表 1-11 中，并写出用 LCR 数字电桥测量电感量的方法及注意事项。

表 1-11 电感器和变压器的识别与检测

名称	标志方法	电感和变压器的识读结果		LCR 测试仪检测		用万用表检测的结果	性能分析
		标称电感	偏差	电感量	偏差	直流电阻	

写出用 LCR 数字电桥测量电感量的方法及注意事项:

1.3.3 评价标准

评价标准见表 1-12。

表 1-12 评价标准表

班级		学号		姓名		成绩	
考核点	观察点	分值		要求	自评	小组评价	教师评价
工作态度团队精神(20%)	考勤	5		无旷课、迟到、早退现象			
	学习工作态度	5		学习积极性高,有严谨的工作作风和敬业精神,质量意识强			
	团队协作精神	5		具有良好的团队合作精神,能主动与人合作、参与团队工作,与人交流和协商			
	5S 纪律	5		工具、仪器、材料做到定位放置,安全、文明操作,现场整洁卫生,做到及时清理、清扫			
技能操作(60%)	操作前的准备	10		仪器使用说明学习认真,仪器操作步骤和注意事项编写正确			
	操作规范和生产工艺	40		仪器使用操作规范,电阻元器件测试结果正确			
	学习工作记录	10		学习记录真实,内容正确,字迹工整			
总结反思(10%)	现场总结和答辩	10		能及时对学习过程进行总结与反思,能正确回答同学、老师提出的问题			

（续）

班级			学号		姓名				成绩		
考核点	观察点	分值			要求				自评	小组评价	教师评价
总结作业（10%）	作业	10			及时、认真、正确完成每次布置的作业，能有条理地表达自己的思想、态度和观点，条理清晰，内容完整						
合计											

1.4 任务四　半导体器件(二极管、晶体管)的识别与检测

1.4.1　相关知识学习

1. 半导体器件的命名

半导体是一种导电能力介于导体和绝缘体之间的物质。目前市场上半导体器件的命名很多是按照日本、欧洲、美国的产品型号命名的，在选用半导体器件时，应仔细查阅有关技术资料。

国产半导体器件的命名：根据中国国家标准，半导体器件型号由5部分组成，各部分的含义见表1-13。

韩国三星电子公司产的晶体管在我国电子产品中应用也很多，它是以4位数字表示管子的型号，常用的有9011～9018等几种型号。其型号和特征见表1-14。

表1-13　国产半导体器件的命名

第一部分		第二部分		第三部分		第四部分	第五部分
用数字表示器件的电极数目		用汉语拼音字母表示器件的材料和极性		用汉语拼音字母表示器件的类别		用数字表示器件序号	用拼音字母表示规格
符号	意义	符号	意义	符号	意义		
2	二极管	A	N型锗材料	P	普通管		
		B	P型锗材料	V	微波管		
		C	N型硅材料	W	稳压管		
		D	P型硅材料	C	参量管		
				Z	整流管		
				L	整流堆		
				S	隧道管		
				N	阻尼管		
				U	光电器件		
				K	开关管		

（续）

第一部分	第二部分		第三部分		第四部分	第五部分
3	晶体管	A　PNP 型锗材料	X	低频小功率管 （$f_\mathrm{T} \geq 3\mathrm{MHz}$，$P_\mathrm{c} < 1\mathrm{W}$）		
		B　NPN 型锗材料	G	高频小功率管 （$f_\mathrm{T} \geq 3\mathrm{MHz}$，$P_\mathrm{c} < 1\mathrm{W}$）		
		C　PNP 型硅材料	D	低频大功率管 （$f_\mathrm{T} \leq 3\mathrm{MHz}$，$P_\mathrm{c} \geq 1\mathrm{W}$）		
		D　NPN 型硅材料	A	高频大功率管 （$f_\mathrm{T} \geq 3\mathrm{MHz}$，$P_\mathrm{c} \geq 1\mathrm{W}$）		
		E　化合物材料	U	光电器件		
			K	开关管		
			I	可控整流器		
			Y	体效应特殊器件		
			B	雪崩管		
			J	阶跃恢复管		
			CS	场效应器件		
			BT	半导体特殊器件		
			FH	复合管		
			PIN	PIN 型管		
			JG	激光器件		

表 1-14　韩国三星电子公司产的晶体管的命名

型号	9011	9012	9013	9014	9015	9016	9018
极性	NPN	PNP	NPN	NPN	PNP	NPN	NPN
功率/mW	400	625	625	450	450	400	400
特征频率/MHz	150	150	140	80	80	500	500
用途	高频	功放	功放	低放	低放	超高频	超高频

2. 二极管的结构、作用

二极管由一个 PN 结、电极引线以及外壳封装构成；二极管的最大特点是单向导电性；其主要作用包括稳压、整流、检波、开关、光/电转换等。

3. 常用二极管的外形结构和电路符号

常用二极管的外形结构和电路符号如图 1.11 所示。

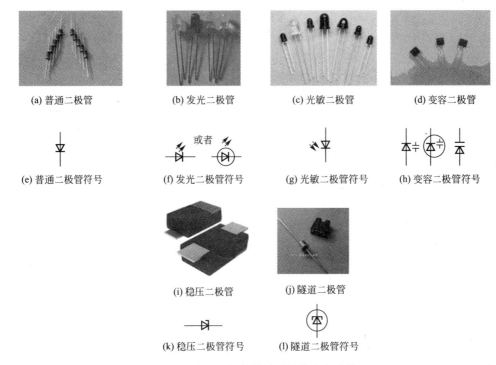

(a) 普通二极管　　　(b) 发光二极管　　　(c) 光敏二极管　　　(d) 变容二极管

(e) 普通二极管符号　(f) 发光二极管符号　(g) 光敏二极管符号　(h) 变容二极管符号

或者

(i) 稳压二极管　　　(j) 隧道二极管

(k) 稳压二极管符号　(l) 隧道二极管符号

图 1.11　常用二极管的外形结构和电路符号

4. 二极管分类

二极管按材料分为硅二极管、锗二极管；按结构分为点接触二极管、面接触二极管；按用途分为稳压二极管、整流二极管、检波二极管、开关二极管、发光二极管、光敏二极管等。稳压二极管是一种工作在反向击穿区、具有稳定电压作用的二极管。

5. 普通二极管的极性判别和性能检测

(1) 通过外观判别二极管的极性：二极管的正、负极性一般都标注在其外壳上，外壳上标有色环(色点)的一端为负极，如图 1.12 所示。若二极管是一透明玻璃壳，则二极管内部连触丝的一端为正极。

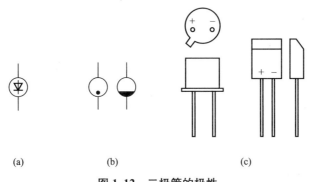

(a)　　　　　　(b)　　　　　　(c)

图 1.12　二极管的极性

（2）利用指针式万用表检测普通二极管的极性及判断性能好坏：用万用表（指针万用表可用 R×100 挡或 R×1k 挡测量）测量二极管的正、反向电阻。若两次阻值相差很大，说明该二极管性能良好，并根据测量电阻小的那次的表笔接法，判断出与黑表笔连接的是二极管的正极，与红表笔连接的是二极管的负极；用万用表测量二极管的正、反向电阻时，如果两次测量的阻值都很小，说明二极管已经击穿；如果两次测量的阻值都很大，说明二极管内部已经断路；两次测量的阻值相差不大，说明二极管性能欠佳。在这些情况下，二极管就不能使用了。

（3）利用数字式万用表检测普通二极管的极性及判断性能好坏：数字表电阻挡一般不用来测量二极管或晶体管，可用二极管挡来测量。测量时，将红表笔接二极管阳（正）极，黑表笔接二极管阴（负）极，则二极管处于正偏，万用表有一定数值显示；若将红表笔接二极管阴极，黑表笔接二极管阳极，二极管处于反偏，万用表高位显示为"1"或很大的数值，此时说明二极管是好的。在测量时若两次的数值均很小，则二极管内部短路；若两次测得的数值均很大或高位为"1"，则二极管内部开路。

6. 晶体管结构、作用

晶体管由两个 PN 结、3 根电极引线以及外壳封装构成。晶体管除具有放大作用外，还能起电子开关、控制等作用，是电子电路与电子设备中广泛使用的基本元件。

7. 常用晶体管的外形和电路符号

常用晶体管的外形和电路符号如图 1.13 所示。

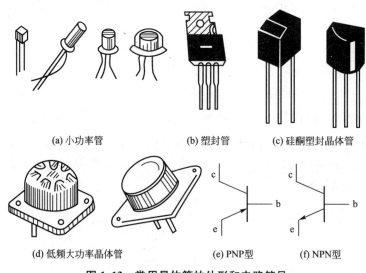

(a) 小功率管　　　　　　(b) 塑封管　　　　　(c) 硅酮塑封晶体管

(d) 低频大功率晶体管　　　(e) PNP型　　　(f) NPN型

图 1.13　常用晶体管的外形和电路符号

8. 晶体管分类

晶体管按材料分为硅晶体管、锗晶体管；按结构分为 NPN 型晶体管、PNP 型晶体管；按功率分为大功率晶体管、中功率晶体管和小功率晶体管；按频率分为为高频晶体管和低频晶体管；按用途分为放大管、光电管、检波管、开关管等。

注：有些高频晶体管有 4 根引脚，第 4 根引脚与金属外壳相连，接电路公共接地端，

起屏蔽作用。

9. 用指针式万用表检测晶体管的引脚极性及管型

(1)晶体管的基极和管型的检测：检测晶体管的类型和基极的原理是将晶体管看成是
一个背靠背的 PN 结，如图 1.14 所示。按照判断二极管的
方法，可以判断出其中一极为公共正极或公共负极，此极
即为基极 b。对 NPN 型管，基极是公共正极；对 PNP 型
管则是公共负极。因此，可以判断出基极是公共正极还是
公共负极，即可知道被测晶体管是 NPN 型还是 PNP 型晶
体管。

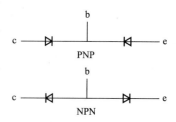

图 1.14　晶体管的类型和
基极检测原理

具体方法：假定某一个管脚为基极，用指针式万用表
黑表笔接到该极，红表笔分别接另外两个引脚，如果一次
电阻大、一次电阻小说明假定的基极是错误的，继续找到
两次电阻都小时的情形，则假定的基极是正确的；如果没有找到两次电阻小的情形，而是
两次电阻大，可以用红表笔接到假定的基极上，黑表笔分别接另外两个引脚，则找到两次
电阻都小的情形。

(2)引脚排列规律简单判别集电极与发射极：基极找出来以后，可以结合晶体管的 3
个引脚排列规律，从外观判断引脚的极性。

① 金属封装晶体管的引脚判断：3 个引脚排列规律如图 1.15 所示。

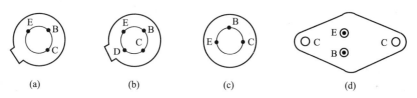

图 1.15　金属封装晶体管的引脚排列

② 塑料封装晶体管的引脚判断，如图 1.16 所示。

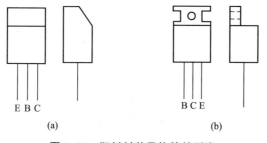

图 1.16　塑料封装晶体管的引脚

(3)用万用表判别集电极与发射极：用指针式万用表判别集电极和发射极，要设法令
晶体管导通，根据晶体管导通的基本条件是必须在发射结上加正向偏置电压这一特性，可
以在集电极与基极之间加一个分压电阻(大约 100kΩ)，且在集电极和发射极上通过万用表
的两根表笔加上正确极性的电压，从而令发射结导通，此时万用表的两根表笔之间有电流
通过，也即反映出电阻值大小，根据这一原理可以判别晶体管的集电极与发射极。具体方

法如图 1.17 所示。

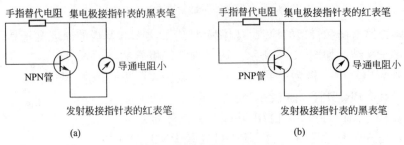

图 1.17　集电极与发射极的判别

（4）晶体管性能的检测：用指针式万用表的电阻挡（R×100 或 R×1k）测量晶体管两个 PN 结的正、反向电阻的大小，根据测量结果，判断晶体管的好坏。若测得晶体管的任意一个 PN 结的正、反向电阻都很小，说明晶体管有击穿现象，该晶体管不能使用；若测得晶体管的任意一个 PN 结的正、反向电阻都是无穷大，说明晶体管内部出现断路现象；若测得晶体管 PN 结的正、反向电阻相差不大，说明该晶体管的性能变差，已不能使用。

10．用数字式万用表检测晶体管的引脚极性及管型

（1）检测晶体管的基极和管型：其方法同指针式万用表的检测，但数字式万用表一般不用电阻挡来测量二极管和晶体管，而用二极管挡来测量。

（2）发射极 e 和集电极 c 的判断：利用万用表测量 β（HFE）值的挡位，判断发射极 e 和集电极 c。将挡位旋至 HFE 挡，基极插入所对应类型的孔中，把其余引脚分别插入 c、e 孔观察数据，再将 c、e 孔中的引脚对调再看数据，数值大则说明引脚插对了。

（3）判别晶体管性能：用万用表测二极管挡分别测试晶体管发射结和集电结的正、反偏是否正常，正常的晶体管是好的，否则晶体管已损坏。如果在测量中找不到公共 b 极，该晶体管也已损坏。

1.4.2　相应能力训练

1．材料准备

项目清单中的二极管、晶体管。

2．使用的设备工具

数字式万用表、指针式万用表。

3．任务内容

对项目清单中的二极管、晶体管，分别用指针式万用表和数字式万用表检测其性能的好坏。

4．动手做做看

1）二极管的检测与分析

根据 3 个项目的清单，识读二极管的外形结构和标志内容，并分别用指针式万用表和数字式万用表检测其性能的好坏，将结果记录在表 1-15 中。

表 1 - 15　二极管的检测与分析

器件名称	测量数据		万用表挡位	引脚的判断	二极管性能分析	备注
	正向电阻	反向电阻				

2）晶体管的检测与分析（用万用表检测）

根据 3 个项目的清单，识读晶体管的外形结构和标志内容，先检测出晶体管的引脚极性及管型，然后用万用表测量晶体管的好坏，并将结果记录在表 1 - 17 中，并具体说明用数字式万用表判定晶体管类型的方法。

表 1 - 16　晶体管的引脚极性及管型的检测

器件名称	万用表挡位	测量数据				晶体管的管型	质量判断	备注
		发射结		集电结				
		正向电阻	反向电阻	正向电阻	反向电阻			
			∞		∞			

说明用数字式万用表判定晶体管类型引脚极性及管型的方法

1.4.3 评价标准

评价标准见表 1-17。

表 1-17 评价标准表

班级		学号		姓名		成绩		
考核点	观察点	分值	要求			自评	小组评价	教师评价
工作态度团队精神（20%）	考勤	5	无旷课、迟到、早退现象					
	学习工作态度	5	学习积极性高，有严谨的工作作风和敬业精神，质量意识强					
	团队协作精神	5	具有良好的团队合作精神，能主动与人合作、参与团队工作，与人交流和协商					
	5S纪律	5	工具、仪器、材料做到定位放置，安全、文明操作，现场整洁卫生，做到及时清理、清扫					
技能操作（60%）	操作前的准备	10	仪器使用说明学习认真，仪器操作步骤和注意事项编写正确					
	操作规范和生产工艺	40	仪器使用操作规范，元器件测试结果正确					
	学习工作记录	10	学习记录真实，内容正确，字迹工整					
总结反思（10%）	现场总结和答辩	10	能及时对学习过程进行总结与反思，能正确回答同学、老师提出的问题					
总结作业（10%）	作业	10	及时、认真、正确完成每次布置的作业，能有条理地表达自己的思想、态度和观点，条理清晰，内容完整					
合计								

1.5 任务五　常用集成电路的识别与检测

1.5.1 相关知识学习

1. 集成电路 IC 的特点

集成电路 IC 是将半导体分立器件、电阻、小电容以及导线集成在一块硅片上，形成一个具有一定功能的电子电路，并封装成一个整体的电子器件。与分立元件相比，集成电路具有体积小、质量轻、性能好、可靠性高、损耗小、成本低、外接元器件数目少、整体性能好、便于安装调试等优点。

2. 集成电路 IC 的分类

集成电路按传送信号的特点分为模拟集成电路、数字集成电路；按封装形式分为圆形金属封装集成电路、扁平陶瓷封装集成电路；按其制作工艺不同，可分为半导体集成电路、膜集成电路和混合集成电路；按集成度高低不同，可分为小规模、中规模、大规模及超大规模集成电路；按导电类型不同，分为双极型集成电路和单极型集成电路两类；按集成电路的功能分为集成运算放大电路、稳压集成电路、集成模/数和集成数/模电路、音响集成电路、计数器等。

3. 国产集成电路的命名方法

国产集成电路的命名方法见表 1-18。

表 1-18 国产集成电路的命名

第一部分		第二部分		第三部分	第四部分		第五部分	
用字母表示器件的符号		用字母表示器件的类型		用数字表示器件的系列和品种代号	用字母表示器件的工作温度（0C）		用字母表示器件的封装形式	
符号	意义	符号	意义		符号	意义	符号	意义
C	中国制造	T	TTL 集成电路		C	0～+75	W	陶瓷扁平封装
		H	HTL 集成电路		E	-40～85	B	塑料扁平封装
		E	ECL 集成电路		R	-55～+85	F	全密封扁平封装
		C	CMOS 集成电路		M	-55～+125	P	塑料直插封装
		P	PMOS 集成电路				D	陶瓷直插封装
		N	NMOS 集成电路				T	金属壳圆形封装
		F	线性放大器集成电路					
		D	音响、电视集成电路					
		W	集成稳压电路					
		J	接口电路					
		B	非线性集成电路					
		M	存储器					
		I	IIL 集成电路					
		μ	微处理器					

4. 集成电路的引脚识别

(1) 圆形金属封装集成电路的引脚排列如图 1.18 所示。

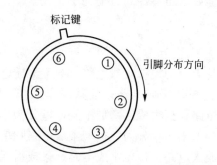

图 1.18　圆形金属封装集成电路的引脚排列

（2）双列扁平陶瓷封装或双列直插式的引脚排列如图 1.19 所示。

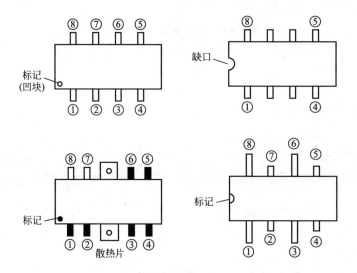

图 1.19　双列扁平陶瓷封装或双列直插式的引脚排列

（3）单列直插式集成电路的引脚排列如图 1.20 所示。

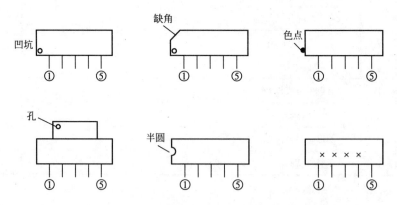

图 1.20　单列直插式集成电路的引脚排列

（4）四边带引脚的扁平封装集成电路的引脚排列如图 1.21 所示。

5. 集成电路使用注意事项

（1）使用集成电路时，其各项电性能指标应符合规定要求。

（2）在电路设计安装时，应使集成电路远离热源；对输出功率较大的集成电路应采取有效的散热措施。

（3）整机装配时，一般使用 20～30W 的电烙铁，最后对集成电路进行焊接，避免焊接过程中的高温损坏集成电路。

（4）不能带电焊接或插拔集成电路。

（5）正确处理好集成电路的空脚，不能擅自将空脚接地、接电源或悬空。

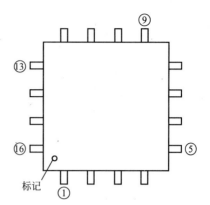

图 1. 21 四边带引脚的扁平封装集成电路的引脚排列

6. 用万用表检测常用集成电路的方法

1）不在路检测

不在路检测是在 IC 未焊入电路时进行的，一般情况下可用万用表测量各引脚对应于接地引脚之间的正、反向电阻值，并和完好的 IC 进行比较。

2）在路检测

这是一种通过万用表检测 IC 各引脚在路（IC 在电路中）直流电阻、对地交直流电压以及总工作电流的检测方法。这种方法克服了代换试验法需要有可代换 IC 的局限性和拆卸 IC 的麻烦，是检测 IC 最常用和实用的方法。

7. 用集成电路测试仪检测常用集成电路的方法

用集成电路测试仪测量集成电路的型号、好坏、代换、老化的具体步骤如下。

1）元器件型号判别

第一步：把插头插在电源上，把电源打开。

第二步：将被测器件放上锁紧插座并锁紧。（被测器件的缺口需朝下）

第三步：按"型号判别"键，显示 P，输入引脚数目。

第四步：再按"型号判别"键即显示型号。

2）元器件好坏的判别

第一步：把插头插在电源上，把电源打开。

第二步：将被测器件放上锁紧插座并锁紧。（被测器件的缺口需朝下）

第三步：输入器件型号数字码。

第四步：按"好坏判别"键。

若"PASS"黄灯亮，说明器件完好，若"FAIL"红灯亮，说明器件失效。

3）元器件代换查询

第一步：把插头插在电源上，把电源打开。

第二步：将被测器件放上锁紧插座并锁紧。（被测器件的缺口需朝下）

第三步：输入器件型号数字码。

第四步：按"代换查询"键，若存在代换型号则依次显示可代换的型号数字码，若不存在代换型号，直接显示"NODEVICE"。

4）元器件老化的测试

第一步：把插头插在电源上，把电源打开。

第二步：将被测器件放上锁紧插座并锁紧。（被测器件的缺口需朝下）

第三步：输入器件型号数字码。

第四步：按"老化"键。

若老化，指示灯不亮；若没老化，则指示亮灯。

1.5.2 相应能力训练

1. 材料准备

项目"大屏幕数字钟的组装与调试"元器件清单中的集成电路。

2. 使用的设备工具

指针式万用表或数字式万用表。

3. 任务内容

对项目"大屏幕数字钟的组装与调试"元器件清单中的集成电路用万用表进行检测。

4. 动手做做看

1）根据元器件清单记录检测结果

根据项目"大屏幕数字钟的组装与调试"元器件的清单，用万用表对其中的集成电路进行检测并记录在表 1-19 中。

表 1-19 用万用表检测集成块

序号	器件名称	测量数据														引脚排列	质量判断
		集成电路各引脚对地(脚)电阻(正向、反向)															
1		1	2	3	4	5	6	7	8	9	10	11	12	13	14		
2																	
3																	
4																	

2）根据大屏幕数字钟清单记录检测结果

根据大屏幕数字钟的清单，用集成电路测试仪对其中的集成块进行检测并记录在表 1-20 中。

表 1-20 集成电路测试仪检测集成块

序号	器件名称	检测结果	方法备注
1			
2			
3			
4			
5			

1.5.3 评价标准

评价标准见表 1-21。

表 1-21 评价标准表

班级		学号		姓名		成绩		
考核点	观察点	分值		要求		自评	小组评价	教师评价
工作态度团队精神（20%）	考勤	5		无旷课、迟到、早退现象				
	学习工作态度	5		学习积极性高，有严谨的工作作风和敬业精神，质量意识强				
	团队协作精神	5		具有良好的团队合作精神，能主动与人合作、参与团队工作，与人交流和协商				
	5S纪律	5		工具、仪器、材料做到定位放置，安全、文明操作，现场整洁卫生，做到及时清理、清扫				
技能操作（60%）	操作前的准备	10		仪器使用说明学习认真，仪器操作步骤和注意事项编写正确				
	操作规范和生产工艺	40		仪器使用操作规范，电阻元器件测试结果正确				
	学习工作记录	10		学习记录真实，内容正确，字迹工整				
总结反思（10%）	现场总结和答辩	10		能及时对学习过程进行总结与反思，能正确回答同学、老师提出的问题				
总结作业（10%）	作业	10		及时、认真、正确完成每次布置的作业，能有条理地表达自己的思想、态度和观点，条理清晰，内容完整				
合计								

电子产品生产工艺与管理

1.6 任务六　　开关件、继电器、干簧管、接插件及熔断器的识别与检测

1.6.1　相关知识学习

1. 开关件的作用和分类

开关是通过一定的动作完成电路的接通、断开或转换作用的。电气连接和断开的元件，一般串接在电路中，实现信号和电能的传输和控制。开关按控制方式可分为机械开关（如按键开关、按钮开关）、电磁开关（继电器、干簧管）、电子开关（晶体管开关）等。常见开关的外形如图 1.22 所示。

(a) 钮子开关　　　　　(b) 拨动开关　　　　　(c) 按键开关　　　　　(d) 继电器开关

图 1.22　常见开关外形

2. 开关件的主要参数

(1) 额定工作电压：指开关断开时承受的最大安全电压，当实际工作电压大于额定电压时开关会被击穿而损坏。

(2) 额定工作电流：指开关接通时允许通过的最大工作电流，当实际工作电流大于额定电流时开关会烧坏。

(3) 绝缘电阻：指开关断开时开关两端的电阻值，性能良好的开关绝缘电阻应该在 $100 M\Omega$ 以上。

(4) 接触电阻：指开关接通时开关两端的电阻值，性能良好的开关接触电阻应该小于 0.02Ω。

(5) 开关的使用寿命：指在正常工作状态下，开关使用的工作次数。机械开关的寿命约为 5000～10000 次，高可靠开关可达 $5\times10^4 \sim 5\times10^5$ 次。

3. 电磁继电器

电磁继电器一般由铁芯、线圈、衔铁、触点簧片等组成。只要在线圈两端加上一定的电压，线圈中就会流过一定的电流，从而产生电磁效应，衔铁就会在电磁力吸引的作用下克服弹簧的拉力吸向铁芯，从而带动衔铁的动触点与静触点（常开触点）吸合。当线圈断电后，电磁的吸力也随之消失，衔铁就会在弹簧的作用力下返回原来的位置，使动触点与原来的静触点（常闭触点）释放。这样吸合、释放，从而达到导通、切断电路的目的。继电器线圈未通电时处于断开状态的静触点，称为"常开触点"；

处于接通状态的静触点称为"常闭触点"。继电器一般有两股电路，为低压控制电路和高压工作电路。

4. 干簧管

干簧管传感器的外壳一般是一根密封的玻璃管，在玻璃管中装有两个铁质的弹性簧片电极，玻璃管中充有某种惰性气体。平时玻璃管中的两个簧片是分开的，当有磁性物质靠近玻璃管时，在磁场磁力线的作用下，管内的两个簧片被磁化而互相吸引接触，使两个引脚所接的电路连通。外磁场消失后，两个簧片由本身的弹性而分开，线路就断开。

在某些电子产品中往往用干簧管来进行磁控。干簧管的外形如图 1.23 所示。

5. 干簧继电器

干簧管外绕上励磁线圈就成了干簧继电器，当线圈通电后，管中两干簧片的自由端分别被磁化成 N 极和 S 极而相互吸引，因而接通被控电路。线圈断电后，干簧片在本身的弹力作用下分开，将线路切断。干簧继电器可以反映电压、电流、功率以及电流极性等信号，在检测、自动控制、计算机控制技术等领域中应用广泛。

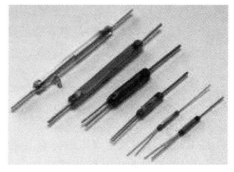

图 1.23　干簧管外形

6. 熔断器

熔断器是一种用在交、直流线路和设备中，出现短路和过载时，起保护线路和设备作用的元件。正常工作时，熔断器相当于开关的接通状态，此时的电阻值接近于零。当电路或设备出现短路或过载现象时，熔断器自动熔断，切断电源和电路、设备之间的电气联系，保护线路和设备，熔断器熔断后的电阻值为无穷大。

7. 接插件

接插件又称连接器，它是用来在机器与机器之间、线路板与线路板之间、器件与电路板之间进行电气连接的元器件，是电子产品中用于电气连接的常用器件，接插件通常由插头和插口组成。

接插件按使用频率分为低频接插件（100M 以下）和高频接插件（100M 以上）；按用途分为电源接插件、耳机接插件、电视天线接插件、电话接插件、光纤光缆接插件等；按结构形状分为圆形接插件、矩形接插件、条形接插件、IC 接插件、带开关电缆接插件、印制板接插件。

8. 开关件的检测方法

指针式万用表置于 R×10 挡，两支表笔分别接开关的两个引出端，当将开关闭合时，测得的电阻值应为零，当将开关断开时，测得的电阻值应为无穷大；再将万用表置于 R×10k 挡，两表笔分别接开关的两个引出端，可测量两个引出端之间的绝缘电阻，在检测过程中，万用表的指针都应停在无穷大位置上不动。如果发现某两个引出端之间的电阻不是无穷大，则说明该两个引出端之间有漏电性故障。

（1）机械开关的检测：使用万用表的欧姆挡对开关的绝缘电阻和接触电阻进行测量。

若测得绝缘电阻小于几百千欧，说明此开关存在漏电现象；若测得接触电阻大于 0.5Ω，说明该开关存在接触不良的故障。

（2）电磁开关（继电器）的检测：使用万用表的欧姆挡对开关的线圈、开关的绝缘电阻和接触电阻进行测量。继电器的线圈电阻一般在几十欧至几千欧之间，其绝缘电阻和接触电阻值与机械开关基本相同。

（3）电子开关的检测：通过检测二极管的单向导电性和晶体管的好坏来初步判断电子开关的好坏。

（4）熔断器的检测。

① 用万用表的欧姆挡测量：熔断器没有接入电路时，用万用表测量熔断器两端的电阻值。若电阻值为零，熔断器正常；否则熔断器损坏。

② 熔断器的在路检测：当熔断器接入通电电路时，用万用表测量熔断器两端的电压，若电压值为零，说明熔断器是好的；否则熔断器损坏。

9．电磁继电器的检测

1）判别是交流继电器还是直流继电器

判别方法：在交流继电器的线圈上常标有"AC"字样，并且在其铁芯顶端，都嵌有一个铜制的短路环；在直流继电器上则标有"DC"字样，且在其铁芯顶端没有铜环。

2）判别触点的数量和类别

判别方法：只要仔细观察一下继电器的触点结构，即可知道该继电器有几对触点，还能看清楚在不通电的情况下，触点是闭合的还是断开的。也可以用万用表的欧姆挡测量触点两个引脚的电阻，通过电阻的阻值来判断该继电器是常开式还是常闭式。若触点对外有3个引脚，则该继电器属于转换式。若触点对外只有两个引脚，则该继电器只能属于常开式或常闭式。

3）测量触点接触电阻

测量触点的接触电阻，可以判断该触点是否良好。用万用表的 R×1 挡，先测量一下常闭触点间的电阻，该阻值应为零；然后再测量一下常开触点之间的电阻，该阻值应为无穷大。接着，用手按下衔铁，这时常开触点闭合而常闭触点打开，常闭触点之间的电阻变为无穷大，常开触点之间的电阻变为零。如果常开触点和常闭触点的状态转换不正常，可轻轻拨动相应的簧片，使触点充分闭合或打开。

10．干簧管的检测方法

1）常开（闭）式干簧管的检测

（1）静止状态的检测：两个表笔分别接干簧管的两个引脚，测量的阻值应为无穷大。

（2）动态状态的检测：用一块小磁铁靠近干簧管，此时万用表指针应向右摆至零，说明两个簧片已接通，然后将小磁铁移开干簧管，万用表指针应向左回摆至无穷大。

（3）测试时，若磁铁靠近干簧管时，万用表指针不动或摆不到零位，说明其内部簧片不能很好地吸合，表明该簧片间隙过大或已发生位移；若移开磁铁后，簧片不能断开，说明该簧片弹性已经减弱，这样的干簧管就不能使用。

2）转换式干簧管的检测

转换式干簧管的检测方法与常开式干簧管的检测方法相同，但应注意3个接点之间由通到断和由断到通之间的关系，以便在测量时得出正确的结论。

1.6.2 相应能力训练

1. 材料准备

项目清单中的开关件。

2. 使用的设备工具

数字式万用表。

3. 任务内容

对项目清单中的开关件，用数字式万用表测量检查。

4. 动手做做看

对开关件和接插件的检测，一般采用外表直观检查和万用表测量检查两种方法。通常的做法是：先进行外表直观检查，然后再用万用表进行检测。

根据 3 个项目的清单，识读开关件的外形结构和标志内容，先进行外表直观检查，然后用万用表检测判断性能，并将结果记录在表 1 - 22 中。

表 1 - 22　开关件识别与检测记录

序号	器件名称	接触电阻	绝缘电阻	性能判断	遇到问题
机械开关					
电子开关					
电磁开关	继电器				
熔断器					
干簧管					

1.6.3 评价标准

评价标准见表 1 - 23。

表 1 - 23　评价标准表

班级		学号		姓名		成绩		
考核点	观察点	分值		要求		自评	小组评价	教师评价
工作态度团队精神（20%）	考勤	5		无旷课、迟到、早退现象				
	学习工作态度	5		学习积极性高，有严谨的工作作风和敬业精神，质量意识强				

（续）

班级		学号		姓名		成绩		
考核点	观察点	分值	要求			自评	小组评价	教师评价
工作态度团队精神（20%）	团队协作精神	5	具有良好的团队合作精神，能主动与人合作、参与团队工作，与人交流和协商					
	5S纪律	5	工具、仪器、材料做到定位放置，安全、文明操作，现场整洁卫生，做到及时清理、清扫					
技能操作（60%）	操作前的准备	10	仪器使用说明学习认真，仪器操作步骤和注意事项编写正确					
	操作规范和生产工艺	40	仪器使用操作规范，电阻元器件测试结果正确					
	学习工作记录	10	学习记录真实，内容正确，字迹工整					
总结反思（10%）	现场总结和答辩	10	能及时对学习过程进行总结与反思，能正确回答同学、老师提出的问题					
总结作业（10%）	作业	10	及时、认真、正确完成每次布置的作业，能有条理地表达自己的思想、态度和观点，条理清晰，内容完整					
合计								

1.7 任务七　电声器件的识别与检测

1.7.1　相关知识学习

1. 电声器件基础

电声器件是指能够在电信号和声音信号之间相互转化的元件。电声器件按功能可分为两大类：一类是将电信号转换为声音信号的元件（扬声器、耳机、蜂鸣器等），另一类是将声音信号转换成电信号的元件（话筒和驻极体电容等传声器）。

2. 扬声器的结构、类型、主要参数和检测

1）扬声器结构

扬声器又称为喇叭，是一种电声转换器件，它将模拟的语音电信号转化成声波，是音响设备中的重要器件，它的质量直接影响着音质和音响效果。电动式扬声器是最常见的一种结构。电动式扬声器由纸盆、音圈、音圈支架、磁铁、盆架等组成，当音频电流通过音

圈时，音圈产生随音频电流而变化的磁场，这一变化磁场与永久磁铁的磁场发生相吸或相斥作用，导致音圈产生机械运动并带动纸盆振动，从而发出声音。电动式扬声器的符号与结构如图1.24所示。

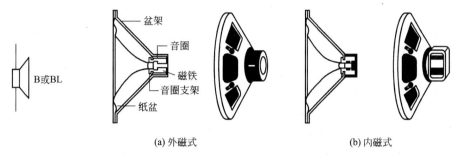

图1.24　扬声器的符号及电动式扬声器结构

2）扬声器的类型

扬声器按其换能原理可分为电动式（即动圈式）、静电式（即电容式）、电磁式（即舌簧式）、压电式（即晶体式）等几种，后两种多用于农村的有线广播网中，其音质较差，但价格便宜。按扬声器工作时的频率范围可分为低音扬声器、中音扬声器、高音扬声器，高、中、低音扬声器常在音箱中作为组合扬声器使用。

3）扬声器的主要技术参数

（1）标称阻抗。扬声器是一个感性阻抗，其标称阻抗有4Ω、8Ω、16Ω等几种。

（2）额定功率。在最大允许失真的条件下，允许输入扬声器的最大电功率。

（3）频率特性。扬声器对不同频率信号的稳定输出特性称为频率特性。

低频扬声器的频率范围为：30Hz～3kHz；中频扬声器的频率范围为：500Hz～5kHz；高频扬声器的频率范围为：2～15kHz。

4）扬声器检测方法

（1）估测扬声器好坏方法之一：用1节5号干电池(1.5V)，用导线将其负极与扬声器的某一端相接，再用电池的正极去触碰扬声器另一端，正常的扬声器应发出清脆的"喀喀"声。若扬声器不发声，则说明该扬声器已损坏。若扬声器发声干涩沙哑，则说明该扬声器的质量不佳。

（2）估测扬声器好坏方法之二：将指针式万用表置于R×1挡，用红表笔接扬声器某一端，用黑表笔去点触扬声器的另一端，正常的扬声器应有"喀喀"声，同时万用表的表针应做同步摆动。若扬声器不发声，万用表指针也不摆动，则说明音圈烧断或引线开路。若扬声器不发声，但表针偏转且阻值基本正常，则是扬声器的振动系统有问题。

（3）估测扬声器的直流阻抗：一般扬声器在磁体的商标上有额定阻抗值。若遇到标记不清或标记脱落的扬声器，则可用万用表的电阻挡来估测出阻抗值。测量时，指针式万用表应置于R×1挡，用两表笔分别接扬声器的两端，测出扬声器音圈的直流电阻值，而扬声器的额定阻抗通常为音圈直流电阻值的1.17倍。8Ω的扬声器音圈的直流电阻值约为6.5～7.2Ω。在已知扬声器标称阻值的情况下，可用测量扬声器直流电阻值的方法来判断音圈是否正常。

5) 蜂鸣器的检测

(1) 电磁式蜂鸣器的检测：对"自带音源"电磁式蜂鸣器，可为其加上合适的工作电压，正常的蜂鸣器会发出响亮连续的长鸣声或节奏分明的断续声；若蜂鸣器不响，则是蜂鸣器损坏或其驱动电路有故障。"不带音源"的电磁式蜂鸣器可用万用表 R×10 挡，将黑表笔接蜂鸣器的正极，用红表笔去点触蜂鸣器的负极。正常的蜂鸣器应发出较响的"喀喀"声，万用表指针也大幅向左摆动。若无声音，万用表指针也不动，则是蜂鸣器内部的电磁式线圈开路损坏。

(2) 压电蜂鸣器的检测：用 6V 直流电源(也可用 4 节 1.5V 干电池串联)，将其正极和负极分别与压电蜂鸣器的正极和负极连接上，正常的压电式蜂鸣器应发出悦耳的响声。若通电后蜂鸣器不发声，说明其内部有元件损坏或有线路断线，应对其内部的振荡器和压电蜂鸣器进行检查修理。压电蜂鸣片可用万用表 1V 或 2.5V 直流电压挡来检测。测量时，右手持两表笔，黑表笔接压电陶瓷表面，红表笔接金属片表面(不锈钢片或黄铜片)，左手的食指与拇指同时用力捏紧蜂鸣片，然后再放开手。若所测的压电蜂鸣片是正常的，此时万用表指针应向右摆动一下，然后回零。摆动幅度越大，说明压电蜂鸣片的灵敏度越高。若表针不动，则说明该压电蜂鸣片性能不良。

3. 耳机的结构、特点、主要参数和检测

1) 耳机结构

耳机也是一种电声转换器件，它的结构与电动式扬声器相似，也是由磁铁、音圈、振动膜片等组成，但耳机的音圈大多是固定的。耳机的外形及电路符号如图 1.25 所示。

2) 耳机的特点和主要参数

耳机最大限度地减小了左、右声道的相互干扰，因而耳机的电声性能指标明显优于扬声器；耳机输出的声音信号的失真很小；耳机的使用不受场所、环境的限制，但是耳机也有它的缺陷，如长时间使用耳机会造成耳鸣、耳痛的情况。

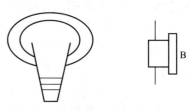

图 1.25 耳机的外形及电路符号

耳机的主要技术参数有频率响应、阻抗、灵敏度、谐波失真等。随着音响技术的不断发展，耳机的发展也十分迅速。现代音响设备如高级随身听、高音质立体声放音机等，都广泛采用了平膜动圈式耳机，其结构更类似于扬声器，且具有频率响应好、失真小等突出优点。平膜动圈式耳机多数为低阻抗型，如 $20\Omega\times2$、$30\Omega\times2$ 等。

3) 耳机的检测

(1) 双声道耳机的检测。将指针式万用表置于 R×1 挡，用任一表笔接耳机插头后端的接触点(公共点)，另一表笔分别点触耳机插头上的另外两个引出点(分别为左、右声道引出端)。正常时相应的左声道或右声道耳机会发出较清脆的"喀喀"声，万用表指针偏转，指示值为 300Ω 左右，且两声道耳机的阻值应对称。若测量时耳机无声，万用表指针也不偏转，则说明相应的耳机有音圈开路或连接引线断裂、耳机内部脱焊等故障。若万用表指示阻值正常，但耳机发声较轻，则说明该耳机性能不良。

(2) 单声道耳机的检测。检测单声道耳机(耳塞机)时，可用指针式万用表的 R×1 挡或 R×10 挡，将任一表笔接耳机插头的某一端，用另一表笔去触碰耳机的另一端，正常的耳机应发出"喀喀"声，万用表指针也应随之偏转。若耳机无声、万用表指针不动或万用表指示正常、但耳机音轻说明有开路故障或性能不良。

4. 传声器(话筒或麦克风)

(1) 传声器概念：传声器俗称话筒或麦克风(MIC)，其作用是将声音信号转化为与之对应的电信号，与扬声器的功能相反。话筒的种类也很多，应用最广泛的是动圈式话筒和驻极体电容式话筒。话筒的符号是"BM"。

(2) 动圈式传声器的检测：指针式万用表可用 R×10Ω 挡，测量传声器的阻抗是否符合要求，正常情况下，断续测量音圈时，应有较大的"喀喀"声；用万用表 0.05mA 电流挡，两表笔分别接传声器输出插头的两端。然后对准传声器受话口轻轻讲话，若万用表的表针摆动，则说明该传声器正常。表针摆动幅度越大，传感器的灵敏度越高。

1.7.2 相应能力训练

1. 材料准备

项目清单中的电声器件。

2. 使用的设备工具

万用表。

3. 任务内容

对项目清单中的电声器件，用万用表测量检查。

4. 动手做做看

根据 3 个项目的清单，识读电声器件的外形结构和标志内容，先进行外表直观检查，然后用万用表检测判断性能，并将结果记录在表 1-24 中。

表 1-24 电声器件的识别与检测记录

序号	器件名称	标称电阻	线圈直流电阻	万用表类型及挡位	性能判断及遇到问题
1	收音机扬声器				
2	报警器蜂鸣器				
3	单声道耳机				
4	双声道耳机				
5	话筒 (麦克风)				

1.7.3 评价标准

评价标准见表 1-25。

表 1-25　评价标准表

班级		学号		姓名		成绩		
考核点	观察点	分值		要求		自评	小组评价	教师评价
工作态度团队精神（20%）	考勤	5	无旷课、迟到、早退现象					
	学习工作态度	5	学习积极性高，有严谨的工作作风和敬业精神，质量意识强					
	团队协作精神	5	具有良好的团队合作精神，能主动与人合作、参与团队工作，与人交流和协商					
	5S纪律	5	工具、仪器、材料做到定位放置，安全、文明操作，现场整洁卫生，做到及时清理、清扫					
技能操作（60%）	操作前的准备	10	仪器使用说明学习认真，仪器操作步骤和注意事项编写正确					
	操作规范和生产工艺	40	仪器使用操作规范，电阻元器件测试结果正确					
	学习工作记录	10	学习记录真实，内容正确，字迹工整					
总结反思（10%）	现场总结和答辩	10	能及时对学习过程进行总结与反思，能正确回答同学、老师提出的问题					
总结作业（10%）	作业	10	及时、认真、正确完成每次布置的作业，能有条理地表达自己的思想、态度和观点，条理清晰，内容完整					
合计								

思考与练习

1. 什么是电阻器？有哪些主要技术参数？
2. 如何检测和判断固定电阻、电位器及敏感电阻的性能好坏？
3. 什么是电容器？它有哪些主要参数？电容有什么作用？
4. 什么是电解电容器？与普通电容器相比，它有什么不同？
5. 什么是电感器？它有哪些主要参数？
6. 电感的主要故障有哪些？如何检测电感和变压器的好坏？
7. 电阻、电容、电感的主要标志方法有哪几种？
8. 指出下列电阻的标称阻值、允许偏差及识别方法。

（1）2.2kΩ±10%；（2）680Ω±20%；（3）5K1±5%；（4）3M6J；

（5）829J；（6）色环四条：红紫黄棕；（7）色环五条：蓝灰黑橙银。

9．指出下列电容的标称容量、允许偏差及识别方法。

（1）5n1；（2）104J；（3）2P2；（4）339K。

10．二极管有何特点？如何用万用表检测判断二极管的引脚极性及好坏？

11．稳压二极管工作在哪个区域？如何用万用表检测稳压二极管的极性和好坏？

12．简述发光二极管的特点及用途，发光二极管可以发出哪几种颜色？

13．晶体管有哪几个引脚？从结构上看，它有哪些类型？如何用万用表检测它的基极和管型？

14．什么是集成电路？它有何特点？按集成度是如何分类的？

15．555 时基集成电路是模拟还是数字集成电路？有何作用？

16．按控制方式分类，开关件分为哪几类？各有何特点？

17．开关件有何作用？如何检测其好坏？

18．熔断器有何作用？如何检测其好坏？

19．估测扬声器好坏的方法有哪些？

模块二

装配前的准备工艺

2.1 任务一　常用图纸的识读

2.1.1　相关知识学习

1. 电子产品识图的基本知识

学会识读图纸，有利于了解电子产品的结构和工作原理，有利于正确地生产、检测、调试电子产品，快速维修电子产品。识读技能在电子产品的设计、开发、研制中起着重要的的作用。

（1）电子元器件是组成电路的基本单元，所以识读首先要熟悉常用电子元器件的图形符号，掌握这些元器件的性能、特点和用途。

（2）任何一个电子产品电路都是由一个个简单的基本单元电路组合而成的，所以要熟悉并掌握一些基本单元电路的构成、特点工作原理及各元器件的作用。

（3）了解不同图纸的不同功能，掌握识图的基本规律。不同图纸的作用不同，功能不同，识读方法也不同。比如，元件零件图或装配图可以根据电路元器件的性能、特点和用途为中心进行识读；电原理图可以根据电路的顺序（从上到下，从左到右）进行识读，也可以结合典型电路功能进行。

2. 电子产品常用图纸功能及读图的一般方法

1）方框图

方框图主要是用一些方框和少量图形符号来表示的一种图样，它主要体现电子产品各个组成部分以及它们在电性能方面所起作用的原理和信号的流程顺序。识读方法：从左至右、自上而下地识读，或根据信号的流程方向进行识读，在识读的同时了解各方框部分的名称、符号、作用以及各部分的关联关系，从而掌握电子产品的总体构成和功能。超外差收音机的原理方框图如图 2.1 所示。

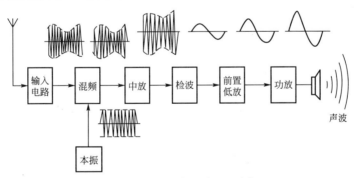

图 2.1　超外差收音机的原理方框图

2）电原理图

电原理图是详细说明电子元器件相互之间、电子元器件与单元电路之间、产品组件之间的连接关系，以及电路各部分电气工作原理的图。识读方法是：先了解电子产品的作用、特点、用途和有关的技术指标，结合电原理方框图从上至下、从左至右，由信号输入端按信号流程，一个单元一个单元电路地熟悉，一直到信号的输出端。如项目二（大屏幕数字钟组装与调试）中的电路原理图如图 2.2 所示。

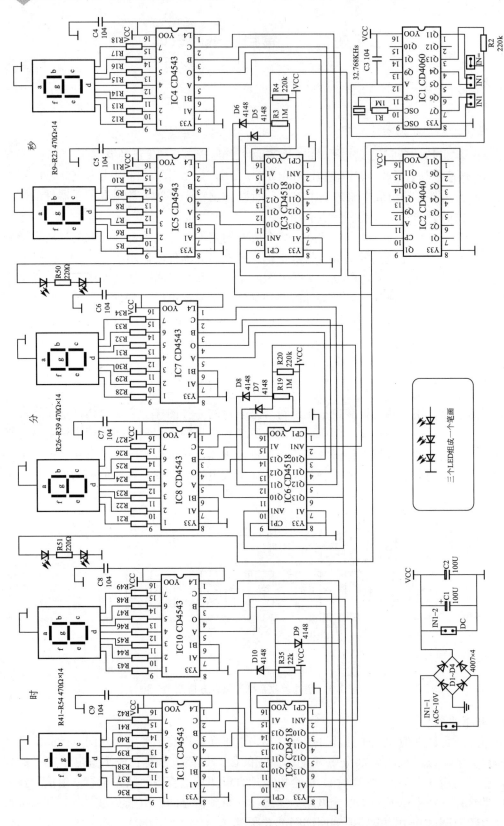

图 2.2 大屏幕数字钟的电路原理图

3）零件图

零件图是表示零部件形状、尺寸、所用材料、标称公差及其他技术要求的图样。识读方法是：先从标题栏了解零部件的名称、材料、比例、实际尺寸、标称公差和用途，再从已给的视图初步了解该零部件的大致形状，然后根据给出的其他视图读出零部件的形状结构。

4）装配图

装配图是表示产品组成部分相互连接关系的图样。识读方法是：首先看标题栏，了解图的名称、图号；接着看明细栏，了解图样中各零部件的序号、名称、材料、性能及用途等内容，然后分析装配图上各个零部件的相互位置关系和装配连接关系等。零件图和装配图配合使用，可用于产品的装配、检验、安装及维修。如超外差收音机的装配图如图 2.3 所示。

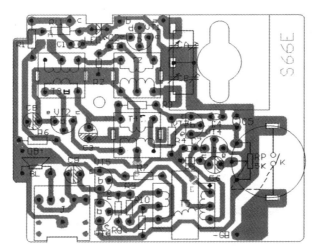

图 2.3 S66E 超外差收音机的装配图

5）印制电路板图

印制电路板图是用来表示各种元器件在实际电路板上的具体方位、大小以及各元器件与印制板的连接关系的图样。其识读应配合电原理图一起完成。①首先读懂与之对应的电原理图，找出原理图中基本构成电路的关键元件；②在印制电路板上找出接地端；③根据印制电路板的读图方向，结合电路的关键元件在电路中的位置关系及与接地端的关系，逐步完成印制电路板组装图的识读。如项目一（超外差收音机组装与调试）中的印制电路如图 2.4 所示。

2.1.2 相应能力训练

1. 材料准备

3 个项目的电原理图和装配图。

2. 使用的设备工具

项目作业指导书。

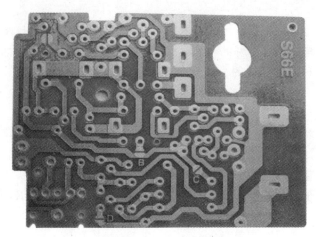

图 2.4　S66E 超外差收音机的印制电路

3. 任务内容

识读 3 个项目的电原理图和装配图。

4. 动手做做看

识读 3 个项目的电路原理图和装配图：S66E 六管超外差收音机原理图，如图单元 1 图 1 所示，装配图和印制电路板图，如图 2.3 和图 2.4 所示；大屏幕数字钟电路原理图，如图 2.2 所示，装配图和印制电路板图，如图 2.5 所示；手机万能充电器的电路原理图，如图 2.6 所示。

图 2.5　大屏幕数字钟装配图和印制电路板图

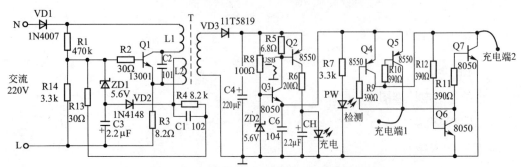

图 2.6　手机万能七彩充电器的电路原理图

2.1.3　评价标准

评价标准见表 2-1。

表 2-1　评价标准表

班级		学号		姓名		成绩		
考核点	观察点	分值	要求			自评	小组测评	教师评价
工作态度和团队精神（20%）	考勤	5	无旷课、迟到、早退现象					
	学习、工作态度	5	学习积极性高，有严谨的工作作风和敬业精神，质量意识强					
	团队协作精神	5	具有良好的团队合作精神，能主动与人合作、参与团队工作，与人交流和协商					
	5S 纪律	5	工具、仪器、材料做到定位放置，安全、文明操作，现场整洁卫生，做到及时清理、清扫					
识图练习（60%）	元器件符号	20	认识原理图中的每个元器件符号					
	工作原理说明	40	能正确有条理地说明收音机的工作原理、信号流向、各元器件的作用，能顺利找出印制电路板图与原理图中元器件的对应关系					
总结与反思（20%）	总结和答辩	20	能及时对学习过程进行总结与反思，能正确回答同学、老师提出的问题					
合计								

2.2 任务二　电子产品装配中的基本材料和常用工具

2.2.1　相关知识学习

1. 电子产品装配中的基本材料

电子产品中的基本材料是指：整机产品中除元器件、零部件等以外的常用绝缘材料、电线、电缆、覆铜板、焊接材料和其他材料（如漆料、胶黏剂）等。

1）电子产品中的绝缘材料

（1）无机绝缘材料：主要用作电机、电器的绕组绝缘以及制作开关板、骨架和绝缘子等。

（2）有机绝缘材料：主要用于电子元件的制造和制成复合绝缘材料。

（3）复合绝缘材料：主要用作电器的底座、支架、外壳等。

2）电子产品中的常用线材

电子产品中的常用线材包括电线和电缆，它们是传输电能或电磁信号的传输导线。常用线材可细分为安装导线、电磁线、扁平电缆（排线或带状电缆）、屏蔽线和电缆。

（1）安装导线：安装导线是指用于电子产品装配的导线。常用的安装导线分为裸导线和塑胶绝缘电线（塑胶线）。裸导线是指没有绝缘层的光金属导线。它有单股线、多股绞合线、镀锡绞合线、多股编织线、金属板、电阻电热丝等若干种类。塑胶绝缘电线是在裸导线的基础上，外加塑胶绝缘的电线，由导电的线芯、绝缘层和保护层组成，广泛用于电子产品的各部分、各组件之间的各种连接。

为了整机装配及维修方便，导线和绝缘套管的颜色通常按表2-2规定来选用。

表2-2 导线和绝缘套管颜色选用规定

电路种类		导线颜色
一般交流线路		①白；②灰
三相AC电源线	A相	黄
	B相	绿
	C相	红
	工作零线(中性线)	淡蓝
	保护零线(安全地线)	黄和绿双色线
直流(DC)线路	＋	①红；②棕
	0（GND）	①黑；②紫
	－	①蓝；②白底青纹
晶体管	E(发射极)	①红；②棕
	B(基极)	①黄；②橙
	C(集电极)	①青；②绿
立体声电路	R(右声道)	①红；②橙；③无花纹
	L(左声道)	①白；②灰；③有花纹
指示灯	青	

（2）电磁线：电磁线是由涂漆或包缠纤维作为绝缘层的圆形或扁形铜线，主要用于绕制各类变压器、电感线圈等。

（3）扁平电缆(排线或带状电缆)：扁平电缆是由许多根导线结合在一起，相互之间绝缘的一种扁平带状多路导线的软电缆。这种电缆造价低、质量轻、韧性强，是电子产品常用的导线之一，可用作插座间的连接线、印制电路板之间的连接线及各种信息传递的输入—输出柔性连接。图2.7为扁平电缆的外形图。

（4）屏蔽线：屏蔽线是在塑胶绝缘电线的基础上，外加导电的金属屏蔽层和外护套而制成的信号连接线。屏蔽线具有静电屏蔽、电磁屏蔽和磁屏蔽的作用，它能防止或减少线外信号与线内信号之间的相互干扰。屏蔽线主要用于 1MHz 以下频率的信号连接。图 2.8 为单芯、双芯屏蔽线的结构图。

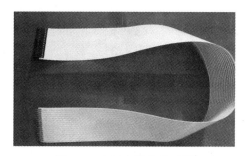

图 2.7 扁平电缆的外形图

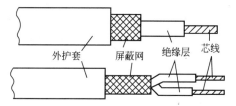

外护套　屏蔽网　绝缘层　芯线

图 2.8 单芯、双芯屏蔽线的结构图

（5）电缆：电子产品装配中的电缆主要包括射频同轴电缆、馈线和高压电缆等。

3）焊接材料

将导线、元器件引脚与印制线路焊接在一起的过程称为焊接。完成焊接需要的材料包括焊料、焊剂和一些其他的辅助材料（如阻焊剂、清洗剂等）。

（1）焊料和锡铅合金焊料：焊料是易熔金属，熔点低于被焊金属，在熔化时能在被焊金属表面形成合金而将被焊金属连接在一起。在一般电子产品装配中主要使用锡铅合金焊料（焊锡）。它具有以下特点。

① 熔点低、流动性好、对元件和导线附着力强：锡的熔点为 232℃，铅的熔点是 327℃，不同锡铅比例的焊料熔点不同，一般在 180～230℃。当锡铅比例为 63∶37 左右时，其熔点只有 190℃左右，低于被焊接金属熔点，焊接起来很方便。

② 机械强度高：焊锡的机械强度是锡本身的 2～3 倍。

③ 表面张力小，抗氧化性好。

④ 导电性好、抗腐蚀性好、焊点光亮美观。

（2）无铅焊料：无铅焊锡是以锡为主体，添加其他金属材料制成的焊接材料。无铅焊锡中铅的含量必须低于 0.1%。由于铅及其化合物对人体有害，含有损伤人类的神经系统、造血系统和消化系统的重金属毒物，导致呆滞、高血压、贫血、生殖功能障碍等疾病，会影响儿童的生长发育、神经行为和语言行为，铅浓度过大，可能致癌，并对土壤、空气和水资源均产生污染，使污染范围迅速扩大。所以要逐渐取缔锡铅合金焊料，目前研制的无铅焊锡是以锡（Sn）为主，添加适量的银（Ag）、锌（Zn）、铜（Cu）、铋（Bi）、铟（In）、锑（Sb）等金属材料制成，要求达到无毒性、无污染、性能好（包括导电、热传导、机械强度、润湿度等方面）、成本低、兼容性强等方面的要求。与锡铅合金焊料相比，目前的无铅合金焊料存在着以下主要缺陷。

① 熔点高。无铅焊料的熔点高于锡铅合金焊料大约 300～400℃。

② 可焊性不高。

③ 焊点氧化严重，造成导电不良，焊点脱落、焊点没有光泽等质量问题。

④ 没有配套的助焊剂。

⑤ 成本高。

（3）焊剂（助焊剂）：焊剂在焊接时能去除被焊金属表面的氧化物，防止焊接时被焊金属和焊料再次出现氧化，并降低焊料表面的张力，提高焊料的流动性，有助于焊接，有利于提高焊点的质量。常用的助焊剂有无机焊剂、有机助焊剂和松香类焊剂等。电子产品的焊接中，常使用松香类焊剂。

（4）焊膏：焊膏是 SMT 技术中再流焊工艺的必需材料。它是将合金焊料加工成一定颗粒、并拌以适当的液态黏合剂构成具有一定流动性的糊状焊接材料。

（5）清洗剂：清洗剂用于清洗焊点周围残余的焊剂、油污、汗迹、多余的金属物等杂质，可提高焊接质量，延长产品的使用寿命。常用的清洗剂有无水乙醇、航空洗涤汽油和三氯三氟乙烷等。

（6）阻焊剂：阻焊剂用于保护印制电路板上不需要焊接的部位。常见的印制电路板上没有焊盘的绿色涂层即为阻焊剂。在焊接中，特别是在自动焊接技术中，使用阻焊剂可防止桥接、短路等现象发生，降低返修率；可减小印制电路板受到的热冲击，使印制板的板面不易起泡和分层；使用带有色彩的阻焊剂可使印制板的板面显得整洁美观。

2. 电子产品装配中的常用工具

电子整机装配过程的常用工具主要是指用来进行电子产品安装和加工的工具，一般分为通用工具、专用工具和焊接工具等。

1）通用工具

（1）螺钉旋具(螺丝刀)。螺丝刀俗称改锥或起子，用于紧固或拆卸螺钉。常用的有手动一字形螺丝刀和十字形螺丝刀，如图 2.9 所示。

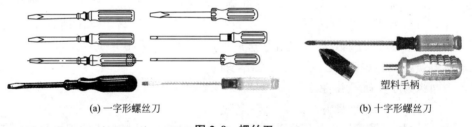

(a) 一字形螺丝刀　　　　　　　　　　　　　　(b) 十字形螺丝刀

图 2.9　螺丝刀

（2）螺帽旋具(螺帽起子)。螺帽旋具适用于装拆外六角螺母或螺丝，比使用扳手效率高、省力，不易损坏螺母或螺钉，如图 2.10 所示。

图 2.10　螺帽旋具

（3）尖嘴钳。尖嘴钳用在焊接点上网绕导线、网绕元器件的引线，或用于布线，以及对少量导线及元器件的引线成形，如图 2.11 所示。

（4）斜口钳（偏口钳）。斜口钳主要用于剪切导线、元器件多余的引线，还常用来代替一般剪刀剪切绝缘套管、尼龙扎线卡等，如图 2.12 所示。

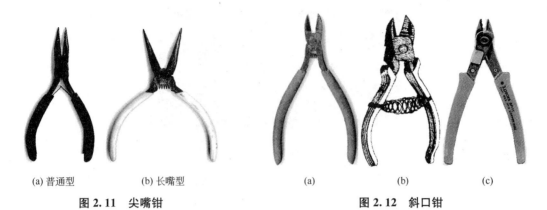

(a) 普通型　　　　(b) 长嘴型　　　　　　　　　(a)　　　　　　(b)　　　　　　(c)

图 2.11　尖嘴钳　　　　　　　　　图 2.12　斜口钳

（5）钢丝钳（平口钳）。钢丝钳主要用于夹持和拧断金属薄板及金属丝等，有铁柄和绝缘柄两种。带绝缘柄的钢丝钳可在带电的场合使用，工作电压一般在 500V，有的则可耐压 5000V，如图 2.13 所示。

图 2.13　钢丝钳

（6）扳手。扳手有固定扳手、活动扳手、套筒扳手三类，是紧固或拆卸螺栓、螺母的常用工具。

① 固定扳手（呆扳子）：固定扳手适用于紧固或拆卸方形或六角形螺栓、螺母，如图 2.14 所示。

(a)　　　　　　　　　　　(b)

(c)　　　　　　　　　　　(d)

图 2.14　固定扳手

② 套筒扳手：套筒扳手适于在装配位置很狭小、凹下很深的部位及不容许手柄有较大转动角度的场合下，紧固、拆卸六角螺栓或螺母使用，如图 2.15 所示。

图 2.15　套筒扳手

③ 活动扳手：活动扳手开口宽度可以调节，故能扳动一定尺寸范围的六角头或方头螺栓、螺母，如图 2.16 所示。

图 2.16　活动扳手

（7）镊子。镊子有钟表镊子和医用镊子两种。镊子主要用在焊接时夹持导线和元器件，防止其移动，如图 2.17 所示。

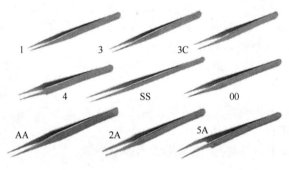

图 2.17　镊子

（8）锉刀。锉刀是钳工锉削使用的工具。电子产品装配中，当普通烙铁头的工作面变得凹凸不平，影响焊接时，可用锉刀锉平。常见的锉刀如图 2.18 所示。

2）专用工具

（1）剥线钳。用于剥掉直径 3cm 及以下的塑胶线、蜡克线等线材的端头表面绝缘层。其特点是：使用效率高、剥线尺寸准确、不易损伤芯线；但剥线钳切剥导线端头的绝缘层时，切口不太整齐，操作也较费力，故在大批量的导线剥头时应使用导线剥头机。剥线钳实物如图 2.19 所示。

图 2.18　锉刀　　　　　　　　　　图 2.19　剥线钳

（2）绕接器。绕接器是无锡焊接中进行绕接操作的专用工具，如图 2.20 所示。

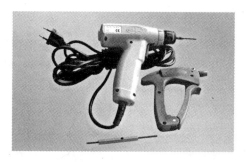

图 2.20　绕接器

（3）压接钳。压接钳是无锡焊接中进行压接操作的专用工具，如图 2.21 所示。

（4）热熔胶枪。热熔胶枪是专门用于胶棒式热熔胶的熔化胶接的专用工具，如图 2.22 所示。

图 2.21　压接钳　　　　　　　图 2.22　热熔胶枪

（5）手枪式线扣钳。手枪式线扣钳是专门用于线束捆扎时拉紧塑料线扎搭扣，如图 2.23 所示。

（6）元器件成型模具。元器件成型模具用于不同元器件的引线成型的专用模具，如图 2.24 所示。

图 2.23　手枪式线扣钳　　　　　　图 2.24　元器件引线成型模具

（7）无感小旋具(无感起子)。无感小旋具是用非磁性材料（如象牙、有机玻璃或胶木等非金属材料）制成的、用于调整高频谐振回路电感与电容的专用旋具，如图 2.25 所示。

（8）钟表起子(小型螺丝起子)。钟表起子主要用于小型或微型螺钉的装拆，有时也用于小型可调元件的调整。由于它通体为金属，使用时要特别注意安全用电。实物如图 2.26

所示。

图 2.25 无感小旋具(无感起子)

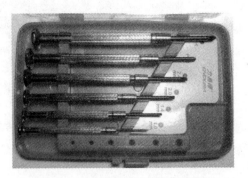

图 2.26 钟表起子(小型螺丝起子)

3) 焊接工具

焊接工具是指电气焊接用的工具。电子产品装配中使用的焊接工具主要有电烙铁、烙铁架和电热风枪等。

(1) 常用电烙铁的构成、类型、特点。

① 电烙铁基本构成:电烙铁用于各类无线电整机产品的手工焊接、补焊、维修及更换元器件,主要由烙铁芯、烙铁头和手柄3个部分组成。

② 电烙铁的分类:根据加热方式可分为内热式电烙铁和外热式电烙铁。内热式电烙铁的发热部分(烙铁芯)安装于烙铁头内部,其热量由内向外散发;外热式电烙铁的烙铁头安装在烙铁芯的里面,即产生热能的烙铁芯在烙铁头外面,故称为外热式电烙铁。内热式电烙铁和外热式电烙铁的结构如图 2.27 所示。

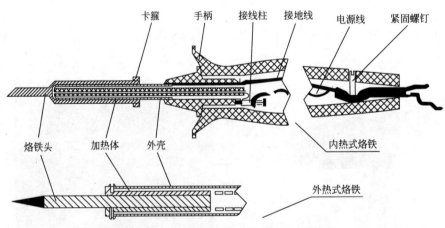

图 2.27 内热式电烙铁和外热式电烙铁的结构

③ 内热式电烙铁的特点:内热式电烙铁的热效率高,烙铁头升温快,相同功率时的温度高、体积小、质量轻。但烙铁头易氧化、烧死,因而内热式烙铁寿命较短,不适合做大功率的烙铁。内热式电烙铁特别适合修理人员或业余电子爱好者使用,也适合偶尔需要临时焊接的工种,如调试、质检等。一般电子产品电路板装配多选用 35W 以下功率的电烙铁。

④ 外热式电烙铁的特点:外热电烙铁的优点是经久耐用、使用寿命长,长时间工作

时温度平稳,焊接时不易烫坏元器件。但外热式电烙铁的体积大,热效率低。

⑤ 烙铁头的形状及处理:烙铁头的形状要适应焊接物的要求,常见的有锥形、凿形、圆斜面形等形状。

普通的新烙铁第一次使用前要用锉刀去掉烙铁头表面的氧化层,并给烙铁头上锡。烙铁头长时间工作后,由于氧化和腐蚀作用,使烙铁面变得凹凸不平,故须用锉刀锉平,如图 2.28 所示。

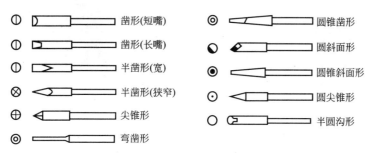

图 2.28 烙铁头的形状及处理

(2) 其他电烙铁。

① 恒温(调温)电烙铁:恒温电烙铁的温度能自动调节保持恒定。恒温电烙铁具有省电、使用寿命长、焊接质量高的特点;根据控制方式的不同,可分为磁控恒温烙铁和热电耦检测控温式自动调温恒温电烙铁两种。磁控恒温电烙铁借助于电烙铁内部的磁性开关而达到恒温的目的,热电耦检测控温式自动调温恒温电烙铁(自控焊台),它是依靠温度传感元件监测烙铁头温度,并通过放大器将传感器输出信号放大处理,去控制电烙铁的供电电路输出的电压高低,从而达到自动调节烙铁温度、使烙铁温度恒定的目的。自动调温恒温电烙铁图 2.29 所示。

(a) 带气泵型自动调温恒温电烙铁   (b) 防静电型自动调温恒温电烙铁

图 2.29 自动调温恒温电烙铁

② 吸锡电烙铁:吸锡电烙铁具有加热、吸锡两种功能。用于拆焊(解焊)时,对焊点加热并除去焊接点上多余的焊锡,如图 2.30 所示。

③ 防静电电烙铁(防静电焊台):防静电电烙铁主要完成对烙铁的去静电供电、恒温等功能。防静电烙铁价格贵,只在有特殊要求的场合使用,如焊接超大规模的 CMOS 集成块,维修计算机板卡、手机等。

④ 自动送锡电烙铁:自动送锡电烙铁能在焊接时将焊锡自动输送到焊接点,可使操作者腾出一只手来固定工件,因而在焊接活动的工件时特别方便,如进行导线的焊接、贴

片元器件的焊接等，如图 2.31 所示。

图 2.30　吸锡电烙铁

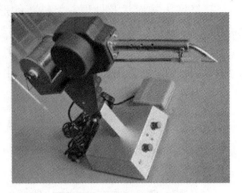

图 2.31　自动送锡电烙铁

　　⑤ 感应式烙铁(焊枪)：感应式烙铁的特点是加热速度快，一般通电几秒钟即可达到焊接温度。但该烙铁头上带有感应信号，对一些电荷感应敏感的器件不要使用这种电烙铁焊接。其实物如图 2.32 所示。

　　(3) 电烙铁的安全使用知识。

　　① 切勿触及烙铁头附近的金属部分。

　　② 切勿在易燃物体附近使用烙铁。

　　③ 更换部件或安装烙铁头时，应关闭电源，并待烙铁头温度到室温。

　　④ 切勿使用烙铁进行焊接以外的工作。

　　⑤ 切勿用烙铁敲击工作台以清除焊锡残余，此举可能震损烙铁发热芯。

图 2.32　感应式烙铁(焊枪)

　　⑥ 切勿擅自改动烙铁，更换部件时用原厂配件。

　　⑦ 切勿弄湿烙铁或手湿时使用烙铁。

　　⑧ 使用烙铁时，不可作任何可能伤害身体或损坏物体的举动。

　　⑨ 休息时或完工后应关闭电源。

　　⑩ 使用完烙铁后要洗手，因为锡丝含铅，有毒。

　　(4) 电烙铁的维护。

　　① 焊接前要先润湿海绵或者用干净湿布擦拭烙铁头，有利于烙铁头的清洁。经常注意烙铁头的清洁保养，可以大大增加烙铁头的寿命，保证烙铁头的润湿性，还可以把烙铁头传热性能完全发挥。

　　② 焊接时不要对烙铁头施压太大，防止烙铁头受损变形。

　　③ 经常在焊铁头表面涂上一层锡：这可以减低焊铁头的氧化机会，使焊铁头更耐用。使用后，应待焊铁湿度稍为降低后(250℃左右)才涂上新锡层，使镀锡层达致更佳的防氧化效果。

　　④ 及时清理氧化物：当镀锡层部分含有黑色氧化物或生锈时，有可能令焊铁头上不了锡而不能进行焊接工作。如果发现镀锡层有黑色氧化物而不能上锡，必须即时清理。

⑤ 应该尽量选用较粗锡线进行焊接工作，因为较粗的锡线对焊铁头有较好的保护。

（5）烙铁架。

烙铁架用于存放松香或焊锡等焊接材料，以及放置加热后的电烙铁，避免烫坏其他物品，如图 2.33 所示。

2.2.2　相应技能训练

1．材料准备

电烙铁、焊锡丝。

2．使用的设备工具

万用表、一字和十字螺丝刀、尖嘴钳。

3．任务内容

了解电烙铁的结构，检查电烙铁的好坏及电烙铁的安全使用和维护。

图 2.33　烙铁架

4．动手做做看

1）电烙铁的检测

（1）电烙铁好坏的检测可以目测法和万用表法相结合。

（2）目测法主要查看电源线有否松动或者烫坏露出芯线，烙铁头有无氧化或松动，固定螺丝有无松动脱落现象。

（3）注意实训室的电烙铁功率，一般在 20～35W，正常工作时测试的电阻应该在几千欧（以 20W 电烙铁为例，用万用表 R×100 挡测烙铁芯两个接线柱间的电阻值，电阻值在 2kΩ 左右），若测试接两端的电阻为"0"或"∞"，均需要维修。电阻为"0"时，内部已经短路，严禁使用，电阻为"∞"时，有可能是烙铁芯内部的电阻丝断开，或电阻丝与电源线没有连接好，也可能是电源插头内部断线。这时电烙铁通电后不发热或温度不够高。

（4）普通内热式电烙铁可以调节烙铁头与烙铁芯的相对位置来调节温度，将烙铁头往外移，可使电烙铁的焊接温度下降；而将烙铁头往里移，可使电烙铁的焊接温度上升。

2）电烙铁的安全使用和维护

①要根据被焊工件的要求，合理选择电烙铁的功率；②烙铁使用过程应轻拿轻放，不能用力敲击，否则极易损坏烙铁芯；③烙铁头加热后，不允许用力甩动烙铁，以免熔融的高温焊锡被甩出后，烫伤操作者或其他人员，或烫伤其他物品，甚至引起火灾；④电烙铁使用过程中，需要放置时，必须稳妥地放置在烙铁架上，避免烫伤他物或引起火灾；⑤烙铁头的形状要适应焊接物的要求；⑥普通烙铁头的工作面变得凹凸不平，影响焊接时，故须用锉刀锉平。

2.2.3　评价标准

评价标准见表 2-3。

表 2-3 评价标准表

班级		学号		姓名		成绩		
考核点	观察点	分值	要求			自评	小组测评	教师评价
工作态度和团队精神（20%）	考勤	5	无旷课、迟到、早退现象					
	学习、工作态度	5	学习积极性高，有严谨的工作作风和敬业精神，质量意识强					
	团队协作精神	5	具有良好的团队合作精神，能主动与人合作、参与团队工作，与人交流和协商					
	5S纪律	5	工具、仪器、材料做到定位放置，安全、文明操作，现场整洁卫生，做到及时清理、清扫					
技能操作（60%）	电烙铁的检测	30	电烙铁好坏的检测方法能判断电烙铁好坏					
	电烙铁的安全使用和维护	30	电烙铁的安全使用的事项电烙铁维护的方法					
总结与反思(20%)	总结和答辩	20	能及时对学习过程进行总结与反思，能正确回答同学、老师提出的问题					
合计								

2.3 任务三 导线加工技术

2.3.1 相关知识学习

在电子产品整机内部有许多连接线，连接线基本上都是安装导线，安装导线又分裸导线和有绝缘层的导线。电子产品所用导线的导体基本上是铜线，纯铜的表面容易氧化，所以几乎所有的导线在铜线表面都有一层抗氧化层，如镀锡、镀锌、镀银等。而有屏蔽层的导线称为屏蔽线，屏蔽线能够实现静电（或高压）屏蔽、电磁屏蔽和磁屏蔽的效果。屏蔽线有单芯，双芯和多芯等数种，一般用在工作频率为 1MHz 以下的场合。

1. 常用安装导线型号、名称、用途及外形

常用安装导线型号、名称、用途及外形见表 2-4。

表 2 - 4　常用安装导线型号、名称、用途及外形

型号	名称	工作条件	主要用途	结构与外形
AV，BV	聚氯乙烯绝缘安装线	250V/AC 或500V/DC −60～+70℃	弱电流仪器仪表、电信设备、电器设备和照明装置	1或2　　5
AVR，BVR	聚氯乙烯绝缘安装软电线	250V/AC 或500V/DC −60～+70℃	弱电流电器仪表、电信设备要求柔软导线的场合	3或4　　5
SYV	聚氯乙烯绝缘同轴射频电缆	−40～+60℃	固定式无线电装置（50Ω）	3或4　5　9或10　6
RVS	聚氯乙烯绝缘双绞线	450V 或750V/AC <50℃	家用电器、小型电动工具、仪器仪表、照明装置	3或4　　5
RVB	聚氯乙烯绝缘平行软线	450V 或750V/AC <50℃	家用电器、小型电动工具、仪器仪表、照明装置	3或4　　5
SBVD	聚氯乙烯绝缘双绞线	−40～+60℃	电视接收天线馈线（300Ω）	4　　5
AVV	聚氯乙烯绝缘安装电缆	250V/AC 或500V/DC −40～+60℃	弱电流仪器仪表、电信设备	3或4　5　7　6
AVRP	聚氯乙烯绝缘屏蔽安装电缆	250V/AC 或500V/DC −60～+70℃	弱电流仪器仪表、电信设备	3或4　5　7　9或10　6

电子产品生产工艺与管理

(续)

型号	名称	工作条件	主要用途	结构与外形
SIV-7	空气-聚氯乙烯绝缘同轴射频电缆	−40～+60℃	固定式无线电装置(75Ω)	

表图中数字的含义如下。

1—单股镀锡铜芯线；2—单股铜芯线；3—多股镀锡铜芯线；4—多股铜芯线；5—聚氯乙烯绝缘层；6—聚氯乙烯护套；7—聚氯乙烯薄膜绕包；8—聚氯乙烯星形管绝缘层；9—镀锡铜编织线屏蔽层；10—铜编织线屏蔽层。

2. 导线的选用

选用导线时需要以下几方面因素。

(1) 安全载流量：表 2−5 列出了铜芯导线在环境温度为 25℃，载流铜芯温度为 70℃条件下架空敷设的铜芯导线安全载流量。当导线在机壳内，套管内散热条件不良的情况下，载流量应该打折扣，取表中数据的一半即可。一般情况下，载流量可按 $5A/mm^2$ 估算这在各种条件下都是安全的。

表 2−5　铜芯导线的安全载流量(25℃)

载面积/mm²	0.2	0.3	0.4	0.5	0.6	0.7	0.8	1.0	1.5	4.0	6.0	8.0	10
载流量/A	4	6	8	10	12	14	17	20	25	45	56	70	85

(2) 最高耐压和绝缘性能：随着所加电压的升高，导线绝缘层的绝缘电阻将会下降；如果电压过高，就会导致放电击穿。导线标志的实验电压表示导线加电 1min 不发生放电现象的耐压特性。实际使用中，工作电压应该大约为试验电压的 1/3～1/5。

(3) 导线颜色：塑料安装导线有棕、红、橙、黄、绿、蓝、紫、灰、白、黑等各种单色导线，还有在基色底上带一种或两种颜色花纹的花色导线。为了便于在电路中区分使用，习惯经常选择的颜色导线颜色见表 2−6，可供参考。

表 2−6　经常选择的导线颜色

电路种类		导线颜色
三相交流电路	A 相	红
	B 相	绿
	C 相	蓝
	零线或中性线	淡蓝
	安全接地	绿底黄纹

（续）

电路种类		导线颜色
一般交流电路		①白，②灰
接地线路		①绿，②绿底黄纹
直流线路	＋	①红，②棕
	GND	①黑，②紫
	－	①青，②白底青纹
晶体管电极	e 极	①红，②棕
	b 极	①黄，②橙
	c 极	①青，②绿
指示灯		青
电路种类		导线颜色
电子管电极	＋B	棕
	阳极	红
	帘栅极	橙
	控制栅	黄
	阴极	绿
	灯丝	青
立体声电路	右声道	①红，②橙
	左声道	①白，②灰
有号码的接线端子		1～10 单色无花纹(10 是黑色)，11～99 基色有花纹

（4）工作环境条件：指室温和电子产品机壳内部空间的温度不能超过导线绝缘层的耐热温度。当导线(特别是电源线)受到机械力作用的时候，要考虑它的机械强度。对于抗拉强度、抗反复弯曲强度、剪刀强度及耐磨性等指标，都应该在选择导线的种类、规格及拉线操作、产品运输等方面进行考虑，留有充分的余量。

（5）便于连线操作：应该选择使用便于连线操作的安装导线。例如，带丝包绝缘层的导线用普通剥线钳很难剥出端头，如果不是机械强度的需要，不要选择这种导线作为普通连线。

3. 安装导线的加工

对于有绝缘层的导线的加工分为以下几个步骤：剪裁、剥头、捻头（多股线）、浸锡、清洗、印标记等。

（1）剪裁：按工艺文件的导线加工表的规定进行剪裁，长度要符合公差要求，如无特殊要求，则按表选择公差。剪线工具和设备包括斜口钳、钢丝钳、钢锯、剪刀、自动剪线机和半自动剪线机等。

（2）剥头：剥头长度应符合工艺文件的要求，若无明确要求，可按照表来选择剥头长度。

（3）捻头：多股导线剥去绝缘层后，芯线容易松散开、折断，不利于安装，因此多股导线剥头后，必须进行捻头处理。如果芯线上有涂漆层，必须先将涂漆层去除后再捻头。

（4）浸锡（又称上锡、搪锡）：浸锡的目的是防止已捻头的芯线散开及氧化。搪锡的方法：先将干净导线端头蘸上助焊剂（如松香水），然后将适当长度的导线端头插融锡铅合金中，待润湿后取出，浸锡浸锡时间一般为 1～3s 即可。浸涂层到绝缘层的距离为 1～2mm，以防止导线的绝缘层因过热或收缩、破裂或老化。

（5）清洗：导线芯线端头浸锡后，可能会残留一些脏物而影响焊接，应及时将其进行清洗，通常采用酒精作为清洗液，既能清洗脏物，又能迅速冷却浸锡导线，保护导线的绝缘层。

（6）印标记：为了便于区分，应在导线两端印上线号或色环标记才能使用安装，焊接、调试、修理、检查时方便快捷。印标记的方式有：导线端印字标记、导线染色环标记和将印有标记的套管套在导线上等。

2.3.2 相应技能训练

1. 材料准备

塑料导线 1 份（单股）、塑料导线 1 份（多股）。

2. 使用的设备工具

电烙铁、焊锡丝、一字和十字螺丝刀、尖嘴钳。

3. 任务内容

（1）设计导线制作的工艺作品。
（2）根据作品需要剪裁导线、剥头、捻头（多股线）。
（3）预焊接。

4. 动手做做看

实训：每个学生先进行导线自由造型设计，然后进行导线加工和预焊接训练。
1）训练要求
① 通过自由造型训练，培养创造能力和动手能力。
② 掌握导线加工方法［剪裁、剥头、捻头（多股线）、浸锡、清洗、印标记等］。
③ 掌握导线的连接方法。

2）造型设计示例

造型设计示例如图 2.34 所示。

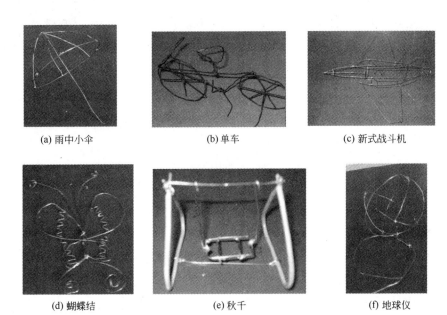

| (a) 雨中小伞 | (b) 单车 | (c) 新式战斗机 |
| (d) 蝴蝶结 | (e) 秋千 | (f) 地球仪 |

图 2.34　造型设计示例

2.3.3　评价标准

评价标准见表 2-7。

表 2-7　评价标准表

班级		学号		姓名		成绩		
考核点	观察点	分值	要求			自评	小组测评	教师评价
工作态度和团队精神（20%）	考勤	5	无旷课、迟到、早退现象					
	学习、工作态度	5	学习积极性高，有严谨的工作作风和敬业精神，质量意识强					
	团队协作精神	5	具有良好的团队合作精神，能主动与人合作、参与团队工作，与人交流和协商					
	5S 纪律	5	工具、仪器、材料做到定位放置，安全、文明操作，现场整洁卫生，做到及时清理、清扫					
技能操作（60%）	自由操作训练	20	创造能力和动手能力					
	导线加工方法	40	剪裁、剥头、捻头、浸锡、清洗、印标记等					

（续）

班级		学号		姓名		成绩	
考核点	观察点	分值	要求		自评	小组评价	教师评价
总结与反思（20%）	总结和答辩	20	能及时对学习过程进行总结与反思，能正确回答同学、老师提出的问题				
合计							

2.4 任务四　电子元器件引线加工技术

2.4.1　相关知识学习

电子元器件的引线是焊接的关键部位，要求有一定的可焊性。但是元器件在生产、运输、存储等各个环节中，其引线接触空气，表面有氧化层，导致可焊性不良。因此当元器件因氧化而可焊性不良时，需要在引线成形前，对元器件引线进行预工处理。

1．元器件引线表面预处理

（1）清除器件引线表面的氧化层。清除元器件引线表面氧化层的方法是：左手捏住电阻或其他元件的本体，右手用小刀片轻刮元器件引脚的表面，左手慢慢地转动，直到表面氧化层全部刮除。

（2）元器件引脚的可焊性处理——浸锡：浸锡是焊接之前一道非常重要的工序，实际上就是用液态焊锡将被焊金属表面浸润，形成一层既不同于被焊金属又不同于焊锡的结合层，从而提高焊件的连接性能。专业电子生产厂家一般均备有专门的设备（如锡锅）进行可焊性处理。在业余条件下，可以用蘸锡的电烙铁沿着浸蘸助焊剂的引脚加热镀锡，使引脚上的镀锡层薄而均匀。

2．元器件引线的成形

（1）成形方法：元器件成形有手工成形和机器成形两种。

① 手工成形：就是使用尖嘴钳或镊子等工具进行手工成形加工，如图 2.35 所示。

图 2.35　用尖嘴钳或镊子等工具进行手工成形加工

② 机器成形：利用成形设备进行成形。如图 2.36 所示，按要求调好电阻轴向宽度，通过手转动摇柄，电阻的引线剪脚后自动成形了。自动成形操作要点：元器件成形过程中，首先要根据元器件成形尺寸调整成形机。先成形出一两个元件，然后把元件插到 PCB

上试验，如果尺寸误差太大，成形的元件无法轻松插到 PCB 内，那么根据具体尺寸情况，重新调整成形机的尺寸，最终使得成形出的元件能轻松插到 PCB 内。

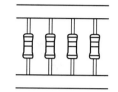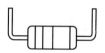

图 2.36　电阻机器成形

（2）成形的技术要求如下。

① 引线成形后，元器件本体不应产生破裂，表面封装不应损坏，引线弯曲部分不允许出现模印、压痕和裂纹。

② 引线成形后，其直径的减小或变形不应超过 1/10，其表面镀层剥落长度不应大于引线直径的 1/10。

③ 引线成形后，元器件的标记(型号、规格和参数)等应朝上(卧式)或向外(立式)，以便检查。

④ 若引线上有熔接点，在熔接点和元器件本体之间不允许有弯曲点，熔接点到弯曲点之间应保持 2mm 的间距。

⑤ 引线成形尺寸应符合安装要求。

（3）成形尺寸基本要求如下。

① 成形跨距：成形跨距是指元器件引脚之间的距离它应该等于印制板安装孔的中心距离，允许误差为 0.5mm，如图 2.37(a)所示。跨距过小或过大都会使元器件插入印制板后，在元器件的根部和装配孔之间产生应力，影响元器件的可靠性，如图 2.37(b)所示。

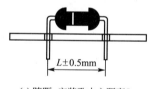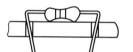

(a) 跨距=安装孔中心距离L　　　　　　　　(b) 跨距过小或过大

图 2.37　成形跨距

② 成形台阶：元器件插入印制板后的高度有两种：一种是元器件的本体紧贴板面，不需要控制，如图 2.39(a)所示；另一种是需要与板面保持一定的距离，如图 2.38(b)所示，这是因为大功率器件增加引线长度有利散热。

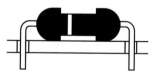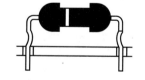

(a) 本体紧贴板面　　　　　　　(b) 本体与与印制板有一定距离

图 2.38　元器件插入印制板后的高度

引脚根部有漆膜的元器件增加引线长度可以防止元器件引线根部的漆膜穿越印制板而妨碍焊接。因此，要将元器件引线的适当位置弯成台阶，用以控制它插入板面的高度。台阶的位置是由元器件插入板面的高度决定的，卧式元器件高度一般控制在主体离板面5～10mm，如图2.39(a)所示；立式元器件在3～5mm，如图2.39(b)所示；其中电解电容器约2.5mm，如图2.39(c)所示。

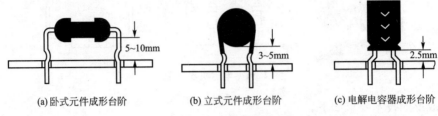

(a)卧式元件成形台阶　　　(b)立式元件成形台阶　　　(c)电解电容器成形台阶

图2.39　成形台阶

（4）引线长度：引线长度是指元器件主体底部至元器件引脚端头的长度L，它的长度如图2.40所示。$L=d_1+d_2+d_3$，式中d_1为元器件主体与板面的距离（本体紧贴板面时$d_1=0$）；d_2为印制板的厚度（约1.4～2mm）；d_3为元器件引脚伸出板面的长度（约2～3mm）。

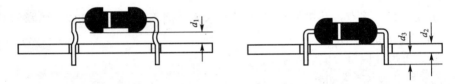

图2.40　引线长度$L=d_1+d_2+d_3$

（5）引线不平行度：引线不平行度是指两引线与元器件主体中心轴不处在同一平面的程度，它会影响插件操作，并使元件受到异常应力。因此，要求成形后元器件两引线的不平行度小于1.5mm，如图2.41所示。若引线上有熔接点，在熔接点和元器件本体之间不允许有弯曲点，熔接点到弯曲点之间应保持2mm的间距。

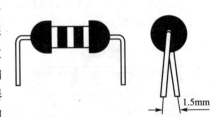

图2.41　引线不平行度要求

（6）折弯弧度：折弯弧度是指引线弯曲处的弧度。为避免加工时引线受损，折弯处应有一定的弧度，折弯处伤痕应不大于引线直径的1/10，如图2.42所示。

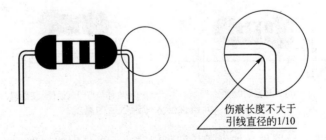

伤痕长度不大于引线直径的1/10

图2.42　引线折弯弧度

（7）常见元器件引线成形。

① 电阻引线成形：如图 2.43 所示，$A \geqslant 2\text{mm}$，$R \geqslant 2d$（d 为引线直径），立式安装时 $h \geqslant 2\text{mm}$；卧式安装时 $h = 0 \sim 2\text{mm}$。（h 是指元器件本体与印制板的高度）

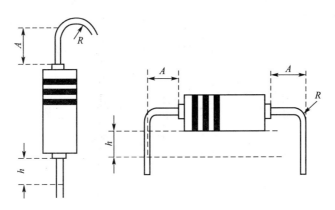

图 2.43　电阻引线成形

② 晶体管和圆形外壳集成电路的成形要求如图 2.44 所示。

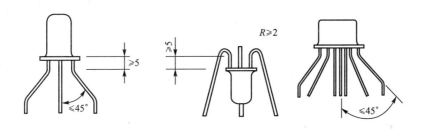

图 2.44　晶体管和圆形外壳集成电路的成形要求

③ 元器件安装孔跨距不合适，或用于插装发热元器件时，其引线成形的形状如图 2.45 所示。图中 $R \geqslant 2d$（d 为引线直径）；元器件与印制板有 $2 \sim 5\text{mm}$ 的距离，多用于双面印制板或发热元件。

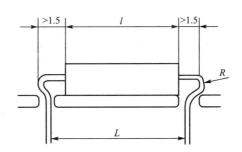

图 2.45　安装孔跨距不合适的元器件引线成形

④ 自动组装时元器件引线成形的形状如图 2.46 所示，图中 $R \geqslant 2d$（d 为引线直径）。

⑤ 焊接时发热的元器件引线成形的形状如图 2.47 所示，其引线较长，有绕环。

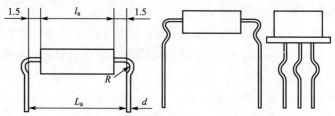

图 2.46 自动组装时元器件引线成形的形状

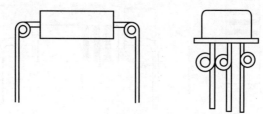

图 2.47 发热的元器件引线成形的形状

2.4.2 相应技能训练

1. 材料准备

项目清单中的元器件。

2. 使用的设备工具

斜口钳、一字和十字螺丝刀、美工刀、尖嘴钳、电烙铁、搪锡炉。

3. 任务内容

对被氧化的元器件引线清除表面氧化物，并进行搪锡处理。

元器件成形处理。

4. 动手做做看

（1）对已被氧化的元器件引线清除表面氧化物，并进行搪锡处理。

（2）根据表2-8的成形按要求对所给的元器件进行成形处理，并做好记录。

表2-8 元器件成形记录单

元器件	成形要求	存在缺陷	数量	总成数	合格率
立式电阻或卧式电阻	成形要求图示：$A\geqslant 2mm$，$R\geqslant 2d$（d 为引线直径）；立式；$h\geqslant 2mm$；卧式：$h=0\sim 2mm$	表面有损坏			
		尺寸不符合			
		形状不符合			
		标志方向有误			

（续）

元器件	成形要求	存在缺陷	数量	总成数	合格率
安装孔跨距不合适的元器件	成形要求图示	表面有损坏			
		尺寸不符合			
		形状不符合			
		标志方向有误			
自动组装元器件	成形要求图示	表面有损坏			
		尺寸不符合			
		形状不符合			
		标志方向有误			
发热元器件	成形要求图示	表面有损坏			
		尺寸不符合			
		形状不符合			
		标志方向有误			

（3）观察并测量收音机电路板上各电子元件焊盘之间的跨距，按照元器件引线成形工艺要求，对收音机套件中的元器件进行加工。

2.4.3　评价标准

评价标准见表2-9。

表2-9　评价标准表

班级		学号		姓名		成绩		
考核点	观察点	分值		要求		自评	小组测评	教师评价
工作态度和团队精神（20%）	考勤	5		无旷课、迟到、早退现象				
	学习、工作态度	5		学习积极性高，有严谨的工作作风和敬业精神，质量意识强				
	团队协作精神	5		具有良好的团队合作精神，能主动与人合作、参与团队工作，与人交流和协商				

（续）

班级		学号		姓名			成绩		
考核点	观察点	分值		要求			自评	小组测评	教师评价
工作态度和团队精神（20%）	5S纪律	5		工具、仪器、材料做到定位放置，安全、文明操作，现场整洁卫生，做到及时清理、清扫					
技能操作（60%）	搪锡处理	20		对被氧化的元器件引线清除表面氧化物，并进行搪锡处理。					
	成形处理	40		按成形要求对所给的元器件引脚进行成形处理					
总结与反思（20%）	总结和答辩	20		能及时对学习过程进行总结与反思，能正确回答同学、老师提出的问题					
合计									

思考与练习

1. 电子产品装配过程中常用的图纸有哪些？
2. 电原理图有何作用？如何进行识读？
3. 什么是印制电路板组装图？如何进行识读？
4. 普通绝缘导线端头的处理分为哪几个过程？
5. 元器件引线成形的技术要求有哪些？
6. 简述元器件引线的成形方法。
7. 常用的螺丝刀有哪些类型？
8. 螺丝刀有何功能？选用螺丝刀应注意什么？
9. 列举尖嘴钳、斜口钳、钢丝钳在电子产品装配中的用途。
10. 镊子在电子产品装配中的作用是什么？
11. 压接钳的作用是什么？
12. 简述电烙铁的分类方式，列举几种电烙铁的名称，并指出其特点。
13. 电烙铁主要由哪几部分组成？各有何作用？
14. 内热式电烙铁和外热式电烙铁的结构有何区别？各有何特点？
15. 如何调节普通电烙铁的焊接温度？
16. 使用电烙铁应注意哪些事项？
17. 焊接时，如何选择烙铁头的形状？为什么？
18. 什么是绝缘材料？电子产品中使用的绝缘材料的基本要求有哪些？
19. 电子产品中常用的安装导线包括哪些？
20. 电磁线有什么作用？
21. 电源线有什么特殊的要求？简述常用的电源软线的结构。
22. 屏蔽线与同轴电缆有何异同？

模块三

手工焊接技术

焊接是电子产品组装的重要工艺，焊接技术是电子产品生产中必须掌握的一门基本操作技能，手工焊接是电子产品装配和维修不可缺少的重要环节。在模块二任务二中介绍了焊接材料和焊接工具。本模块继续学习手工焊接的相关知识和相应技能。

3.1 任务一　焊接基础和手工焊接技术

3.1.1　相关知识学习

焊接是使金属连接的一种方法，是将导线、元器件引脚与印制电路板连接在一起的过程。焊接的过程要满足机械连接和电气连接两个目的，其中，机械连接起固定作用，而电气连接起电气导通作用。焊接质量的好坏，直接影响到电子产品的整机性能。

1. 焊接的种类

焊接是使金属连接的一种方法，现代焊接技术主要分为熔焊、钎焊和接触焊 3 类。

（1）熔焊：熔焊是一种加热被焊接件（母材），使其熔化产生合金而焊接在一起的焊接技术，即直接熔化母材的焊接技术。常见的熔焊有电弧焊、激光焊、等离子焊及气焊等。

（2）钎焊：钎焊是一种在已加热的被焊接件之间，融入低于被焊件熔点的焊料，使被焊件与焊料融为一体的焊接技术，即母材不熔化，焊料熔化的焊接技术。常见的钎焊有锡焊、火焰钎焊、真空钎焊等。在电子产品的生产中，大量采用锡焊技术进行焊接。

（3）接触焊。接触焊是一种不用焊料和焊剂即可获得可靠连接的焊接技术。常见的接触焊有压接、绕接、穿刺，还有超声波焊、脉冲焊、摩擦焊等。

2. 锡焊的基本过程

（1）润湿过程（第一阶段）：润湿阶段是指加热后呈熔融状的焊料沿用被焊金属的表面充分铺开，与被焊金属的表面充分接触的过程。润湿的重要条件之一是被焊金属表面必须保持清洁。

（2）扩散过程（第二阶段）：扩散阶段即在一定的温度下，焊料与被焊金属中的分子相互渗透的过程。扩散的结果是在两者的界面上形成合金层（又称界面层）。

（3）焊点的形成阶段（第三阶段）：形成合金层后停止加热开始冷却时，界面层（合金层）首先以适当的合金状态开始凝固，形成金属结晶，然后结晶向未凝固焊料方向生长，最后形成焊点。

3. 锡焊的基本条件

完成锡焊并保证焊接质量，应同时满足以下几个基本条件。

（1）被焊金属应具有良好的可焊性：可焊性是指在一定的温度和助焊剂的作用下，被焊件与焊料之间能够形成良好的合金层的能力。不是所有的金属都具有良好的可焊性。如铜、金、银的可焊性都很好，但金和银的价格较贵，一般很少使用。目前，常用铜来做元器件的引脚、导线、接点等；铁、铬、钨等金属的可焊性较差，常采用在可焊性较差的金属表面镀锡、镀银的方法来解决这一问题。

（2）被焊件应保持清洁。杂质（油污、氧气物等）的存在会严重影响被焊件与焊料之间的合金层的形成。在焊接前，通常应做好被焊件的表面清洁工作，去除氧化物、污垢。通常使用无水乙醇来清除污垢，焊接时使用焊剂清除氧化物；当氧化物、污垢严重时，可先采用小刀轻刮或细砂纸轻轻打磨，然后用无水乙醇清洗的方法来完成清洁工作。

（3）使用合适的焊料。锡焊工艺中使用的焊料是锡焊合金，根据锡铅比例和成分的不同，其性能和种类也不同。焊料中的杂质同样会影响被焊件与焊料之间的连接。使用时，应根据不同的要求选择合适的焊料。

（4）选择合适的焊剂。焊剂用于去除被焊金属表面的氧化物，防止焊接时被焊金属和焊料再次出现氧化，并降低焊料表面的张力的焊接辅助材料。它有助于形成良好的焊点，保证焊接的质量。锡焊工艺中多使用松香作为助焊剂。

（5）保证合适的焊接温度。合适的焊接温度是完成焊接的重要因素。不但要将焊锡加热熔化，而且要将焊件加热到可熔化焊锡的温度。只有在足够高的温度下，才能使焊料充分润湿，并充分扩散形成合金层。焊接温度太低，容易形成虚焊、拉尖等焊接缺陷；焊接温度过高，易产生氧化现象，造成焊点无光泽、不光滑，严重时会烧坏元器件或使印制电路板的焊盘脱落。

4. 手工焊接技术

（1）正确的焊接姿势：一般采用坐姿焊接，工作台和座椅的高度要适合。在焊接过程中，为减小焊料、焊剂挥发的化学物质对人体的伤害，同时保证操作者的焊接便利，焊接时要求电烙铁离操作者鼻子的距离以 20～30cm 为佳。焊接操作者拿电烙铁的方法有 3 种，如图 3.1 所示。

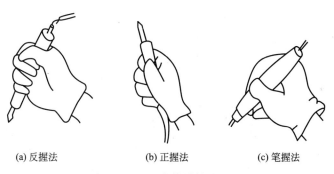

(a) 反握法   (b) 正握法   (c) 笔握法

图 3.1 电烙铁持法

① 反握法：反握法对焊件的压力较大，适合于较大功率的电烙铁（＞75W），对大焊点的焊接操作。

② 正握法：正握法适用于中功率的电烙铁及带弯头的电烙铁的操作，或者烙铁头在大型机架上的焊接。

③ 笔握法：笔握法适用于小功率的电烙铁焊接印制板上的元器件。

（2）手工焊接的基本操作方法：焊接操作过程分为以下 5 个步骤（也称五步法）。

① 准备：焊接前应准备好焊接的工具和材料，清洁被焊件以及工作台，进行元器件的拆装及导线端头的处理工作，然后左手拿焊锡，右手握电烙铁，进入待焊状态。

② 加热：用电烙铁加热被焊件，使焊接部位的温度上升至焊接所需的温度。注意：在加热过程中，电烙铁必须同时加热焊点连接的被焊件。

③ 加焊料：当焊件加热到一定的温度后，即在烙铁头与焊接部位的结合处以及对称

的一侧，加上适量的焊料。

④ 移开焊料：当适当的焊料熔化后，迅速向左上方移开焊料，然后用烙铁头沿着焊接部位将焊料拖动或转动一段距离，确保焊料覆盖整个焊点。

⑤ 移开烙铁：当焊点上的焊料熔化充分润湿焊接部位时，立即向右上方45°方向移开电烙铁，结束焊接。

五步操作法如图3.2所示。上述②～⑤的操作过程一般要求在2～3s时间内完成。在焊点较小的情况下，也可采用三步法完成焊接，即将五步法中的②、③步合为一步，④、⑤步合为一步。三步操作法如图3.3所示。

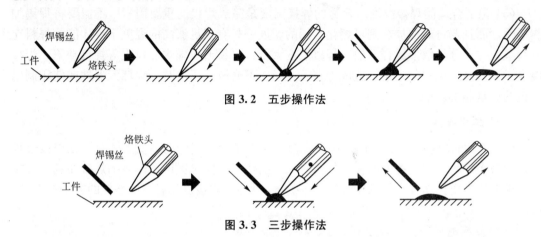

图 3.2　五步操作法

图 3.3　三步操作法

注意：完成焊接步骤时，由于焊点没有完全凝固，不能移动被焊件之间的位置，否则被焊件相对位置的改变会使焊点结晶粗大、无光泽或有裂纹，影响焊点的机械强度，甚至造成虚焊现象。

5. 手工焊接的工艺要求

(1) 保持烙铁头的清洁。焊接时，烙铁头长期处于高温状态，其表面很容易氧化，这将使烙铁头的导热性能下降，影响焊接质量，因此要随时清洁烙铁头。通常的处理方法是：用一块湿布或一块海绵擦拭烙铁头，以保证烙铁头的清洁。

(2) 采用正确的加热方式。加热时，应该让受热部位均匀地受热。正确的加热方式是：根据焊接部位的形状选择不同的烙铁头，让烙铁头与焊接部位形成面接触而不是点接触，这样就可以使焊接部位均匀受热，以保证焊料与焊接部位形成良好的合金层。

(3) 焊料、焊剂的用量要适中。焊料适中，则焊点美观；牢固焊料过多，则浪费焊料，延长了焊接时间，并容易造成短路故障；焊料太少，焊点的机械强度降低，容易脱落。适当的焊剂有助于焊接；焊剂过多，易出现焊点的"夹渣"现象，造成虚焊故障。若采用松香芯焊锡丝，因其自身含有松香助焊剂，所以无须再用其他的助焊剂。

(4) 电烙铁撤离方法的选择。烙铁头撤离的时间和方法直接影响焊点的质量。当焊点上的焊料充分湿润焊接部位时，才能撤离烙铁头，且撤离的方法应根据焊接情况选择。

(5) 焊点的凝固过程。焊料和电烙铁撤离焊点后，被焊件应保持相对稳定，并让焊点自然冷却，严禁用嘴吹或采用其他强制性的冷却方式，避免被焊件在凝固之前因相对移动或强制冷却而造成的虚焊现象。

（6）焊点的清洗。为确保焊接质量的持久性，待焊点完全冷却后，应对残留在焊点周围的焊剂、油污及灰尘用清洗剂（无水乙醇、航空洗涤汽油或三氯三氟乙烷等）进行清洗，避免污物长时间地侵蚀焊点，造成不良后果。

6. 焊点的质量分析

1）焊点的质量要求

（1）电气接触良好。良好的焊点应该具有可靠的电气连接性能，不允许出现虚焊、桥接等现象。

（2）机械强度可靠。电子产品完成装配后，由于搬运、使用或自身信号传播等原因，会或多或少地产生振动。因此，要求焊点具有可靠的机械强度，以保证使用过程中不会因正常的振动而导致焊点脱落。

（3）外形美观。从焊点的外观来看，一个良好的焊点应该是明亮、清洁、平滑、焊锡量适中并呈裙状拉开，焊锡与被焊件之间没有明显的分界，这样的焊点才是合格、美观的。

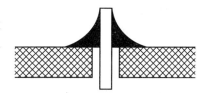

图 3.4　合格焊点形状

2）合格焊点外观要求

（1）形状以焊点的中心为界，左右对称，呈半弓形凹面。

（2）焊料量均匀适当，表面光亮平滑，无毛刺和针孔。

（3）焊角小于 30°。合格焊点形状如图 3.4 所示。

3）焊点的检查步骤

合格焊点的外观质量标准与检查方法见表 3-1。

表 3-1　合格焊点的外观质量标准与检查方法

标准		（1）焊点表面明亮、平滑、有光泽，对称于引线，无针眼、无砂眼、无气孔。 （2）焊锡充满整个焊盘，形成对称的焊角。 （3）焊接外形应以焊件为中心，均匀、成裙状拉开。 （4）焊点干净，见不到焊剂的残渣，在焊点表面应有薄薄的一层焊剂。 （5）焊点上没有拉尖、裂纹
方法	目测法	从外观上检查焊接质量是否合格，焊点是否有缺陷。可借助于放大镜、显微镜进行观察检查。目视检查的主要内容：是否有漏焊；焊点的光泽好不好，焊料足不足；是否有桥接现象；焊点有没有裂纹；焊点是否有拉尖现象；焊盘是否有起翘或脱落的情况；焊点周围是否有残留的焊剂；导线是否有部分或全部断线、外皮烧焦、露出芯线的现象
	手触法	用手触摸元器件(不是用手去触摸焊点)，对可疑焊点用镊子夹住元器件引线轻轻拉动，看有无松动现象。这对发现虚焊和假焊特别有效，可以检查有无导线断线、焊盘脱落等缺点
	通电检查	通电检查必须在目视检查和手触检查无错误的情况之后进行，这是检验电路性能的关键步骤

4) 焊点的常见缺陷及原因分析

(1) 虚焊。虚焊又称假焊，指焊接时焊点内部没有真正形成金属合金的现象。虚焊是焊接中最常见的缺陷，也是最难发现的焊接质量问题。造成虚焊的主要原因是：元器件引线或焊接面未清洁好、焊锡质量差、焊剂性能不好活用量不当、焊接温度掌握不当、焊接结束但焊锡尚未凝固时焊件原件移动等。虚焊造成的后果是：电路工作不正常，信号时有时无，噪声增加。

(2) 拉尖。拉尖是指焊点表面有尖角、毛刺的现象。造成拉尖的主要原因是：烙铁头离开焊点的方向不对、电烙铁离开焊点太慢、焊料中杂质太多、焊接时的温度过低等。拉尖造成的后果是：外观不佳、易造成桥接等现象；对于高压电路，有时会出现尖端放电的现象。

(3) 桥接。桥接是指焊锡将电路之间不应连接的地方焊接起来的现象。造成桥接的主要原因是：焊锡用量过多、电烙铁使用不当、导线端头处理不好、自动焊接时焊料槽的温度过高或过低等。桥接造成的后果是：导致产品出现电气短路，有可能使相关电路的元器件损坏。

(4) 球焊。球焊是指焊点形状像球形、与印制电路板只有少量连接的现象。造成球焊的主要原因是：印制板板面有氧化物或杂质。球焊造成的后果是：由于被焊部件只有少量连接，因而其机械程度差，略微振动就会使连接点脱落，造成短路故障。

(5) 印制板铜箔起翘、焊盘脱落。造成印制板铜箔起翘、焊盘脱落的主要原因是：焊接时间过长，温度过高，反复焊接，或在拆焊时，焊料没有完全熔化就拔取元器件。印制板铜箔起翘、焊盘脱落造成的后果是：电路出现断路或元器件无法安装，甚至整个印制板损坏。

(6) 导线焊接不当。导线焊接不当，会引起电路的诸多故障。例如，芯线过长，容易使芯线碰到附近的元器件造成短路故障，以及导线端头没有捻头、焊点处接触电阻增大、焊点发热等现象。

3.1.2 相应技能训练

1. 材料准备

万用印制板、导线、电阻若干、大屏幕数字钟。

2. 使用的设备工具

电烙铁、焊锡丝、斜口钳、万用表。

3. 任务内容

焊接一定数量的电阻和导线。

4. 动手做做看

1) 手工焊接练习一

在焊接万用印制板反面(有铜箔的一面)，焊接一定数量的电阻和导线。

先对电阻引线与导线进行加工处理。

严格按照手工焊接操作步骤进行焊接，注意焊接时间和焊锡量。

认真检查焊点质量，统计符合焊点质量要求的有多少，存在缺陷的有多少。

观察焊点质量，分析焊点缺陷产生的原因。

2）手工焊接练习二

在电子元器件识别与检测的基础上，手工焊接大屏幕数字钟。

3.1.3 评价标准

评价标准见表3-2。

表3-2 评价标准表

班级		学号		姓名		成绩		
考核点	观察点	分值		要求		自评	小组测评	教师评价
工作态度和团队精神（20%）	考勤	5		无旷课、迟到、早退现象				
	学习、工作态度	5		学习积极性高，有严谨的工作作风和敬业精神，质量意识强				
	团队协作精神	5		具有良好的团队合作精神，能主动与人合作、参与团队工作，与人交流和协商				
	5S纪律	5		工具、仪器、材料做到定位放置，安全、文明操作，现场整洁卫生，做到及时清理、清扫				
技能操作（60%）	焊接基本练习	20		在万用印制板反加（有铜箔一面），熻接一定数量的电阻和导线				
	手工焊接大屏幕数字钟	40		正确接大屏幕数字钟				
总结与反思（20%）	总结和答辩	20		能及时对学习过程进行总结与反思，能正确回答同学、老师提出的问题				
合计								

3.2 任务二 手工拆焊

3.2.1 相关知识学习

拆焊又称解焊，是指把元器件从原来已经焊接的安装位置上拆卸下来。当焊接出现错误、损坏或调试维修电子产品时，就要进行拆焊。掌握正确的拆焊方法非常重要。如果拆焊不当，极易造成被拆焊的元器件、导线等的损坏，还容易造成焊盘及印制导线的脱落。

1. 拆焊的常用工具和材料

除了2.2节中学习的焊接材料和焊接工具外，常用的拆焊工具主要还有吸锡器（枪）和吸锡电烙铁，如图 3.5 所示。

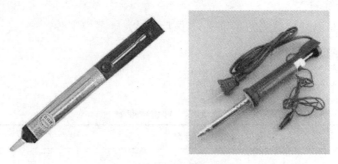

图 3.5　吸锡器和吸锡电烙铁

2. 拆焊方法

常用的拆焊方法有分点拆焊法、集中拆焊法和断线拆焊法。

1）分点拆焊法

（1）当需要拆焊的元器件引脚不多，且需拆焊的焊点距其他焊点较远时，可采用分点拆焊法。这种方法是：将印制板立起来，用电烙铁加热一个引脚焊点，当焊点的焊锡完全熔化，与印制板没有粘接时，用镊子或尖嘴钳夹住元器件的引线，轻轻地把元器件拉出来，如图 3.6 所示。

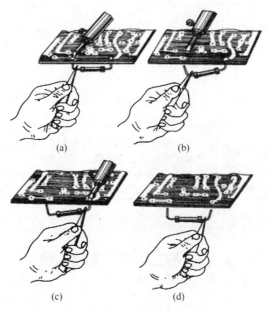

图 3.6　分点拆焊法

（2）将元器件拆除后，为了安装新元器件，应该用电烙铁加热并熔化焊锡，用吸锡器将焊盘上的焊锡吸干净，再用锥子(或尖嘴镊子)从铜箔面将焊孔扎通，再插入元器件进行重焊。

注意：分点拆焊法不宜在一个焊点多次使用，因为印制板路线和焊盘经反复加热后，很容易脱落，造成印制板损坏。若待拆卸的元器件与印制板还有粘接，不能硬拽下元器件，以免损伤被拆卸元器件和印制电路板。

2）集中拆焊法

当需要拆焊的焊点之间的距离很近时，可采用集中拆焊法。使用这种方法有以下两种情况。

（1）当需要拆焊的元器件引脚不多时，可直接使用电烙铁同时快速、交替地加热被拆的几个焊点，待这几个焊点同时融化后，一次拔出拆焊元件，如拆焊立式安装的电阻、电容、二极管或小功率晶体管等。

（2）当需要拆焊的元件引脚较多时，应使用吸锡工具拆焊，即用电烙铁和吸锡工具（或直接使用吸锡电烙铁）逐个将被拆元器件焊点上的焊锡吸掉，并将元器件的所有引脚与焊盘分离，即可拆卸元器件。

3）断线拆焊法

当被拆焊的元器件可能需要多次更换，或已经拆焊过时，可采用断线拆焊法，如图 3.7 所示。这种方法是：对被拆焊的元器件不进行加热过程，而是用斜口剪下元器件，但须在原印制板上留出部分引脚，以便更新原件时连接用。

图 3.7　断线拆焊法

3．拆焊技术的操作要领

（1）严格控制加热的时间与温度：一般元器件及导线绝缘层的耐热较差，受热易损元器件对温度更是十分敏感。在拆焊时，如果时间过长，温度过高会烫坏元器件，甚至会使印制电路板焊盘翘起或脱落，进而给继续装配造成很多麻烦。因此，一定要严格控制加热的时间与温度。

（2）拆焊时不要用力过猛：塑料密封器件、瓷器件和玻璃端子等在加温情况下，强度都有所降低，拆焊时用力过猛会引起器件和引线脱离或铜箔与印制电路板脱离。

（3）不要强行拆焊：不要用电烙铁去撬或晃动接点，不允许用拉动、摇动或扭动等办法去强行拆除焊接点。

3.2.2　相应技能训练

1．材料准备

已焊接的旧印制板。

2．使用的设备工具

万用表、电烙铁、焊锡丝、一字和十字螺丝刀、尖嘴钳、斜口钳。

3．任务内容

拆焊操作、清洁焊盘。

4. 动手做做看

进行手工拆焊练习。

（1）对已焊接的旧印制板进行拆焊操作，拆焊过程要求不能损坏元器件和 PCB 焊盘。

（2）清洁焊盘。

3.2.3 评价标准

评价标准见表 3-3。

表 3-3　评价标准表

班级		学号		姓名		成绩		
考核点	观察点	分值		要求		自评	小组测评	教师评价
工作态度和团队精神(20%)	考勤	5		无旷课、迟到、早退现象				
	学习、工作态度	5		学习积极性高，有严谨的工作作风和敬业精神，质量意识强				
	团队协作精神	5		具有良好的团队合作精神，能主动与人合作、参与团队工作，与人交流和协商				
	5S 纪律	5		工具、仪器、材料做到定位放置，安全、文明操作，现场整洁卫生，做到及时清理、清扫				
技能操作(60%)	拆焊操作	20		拆焊操作，不损坏元器件和 PCB 焊盘				
	清洁焊盘	40		正确使用吸锡球(枪)				
总结与反思(20%)	总结和答辩	20		能及时对学习过程进行总结与反思，能正确回答同学、老师提出的问题				
合计								

3.3 任务三　S66E 六管超外差收音机焊接(分立元件焊接)

3.3.1 相关知识学习

1. 焊前准备

1) 器件引线表面清洁

现在一般新元器件的可焊性都较好，不需进行预加工即可直接焊接，而一些旧元器件或由于元器件在经过包装、存储和运输等中间环节时间较长，在引线表面会产生一种氧化膜，使引线的可靠性严重下降，这时必须对引线表面清洁。

引线表面清洁的方法有如下几种。

（1）用无水酒精清洗。

对于元器件引脚污染氧化较轻微的，可用镊子夹取无水酒精脱脂棉清洗。注意不要直接用手抓取元器件引脚，以免照成引脚再次污染。可以通过戴手套或用尖嘴钳和镊子来固定元器件，如图3.8所示。

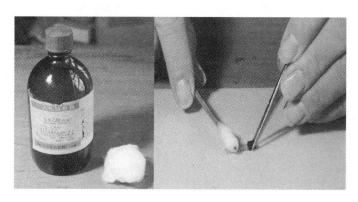

图3.8　无水酒精清洗元器件引脚

（2）对于元器件引脚污染氧化达到中等程度的，可用粗橡皮擦去表面氧化物等脏物，如图3.9所示。

（3）对于元器件引脚污染氧化严重的，可用刀片刮去(或用细砂纸磨去)引线上的污染物和氧化物。有些元器件有镀金合金引出线，因其基材不易搪锡，则不能用刀片刮的方法，因为刀片很容易把镀金层刮掉，可用橡皮擦去表面脏物，如图3.10所示。

图3.9　粗橡皮擦清洗元器件引脚

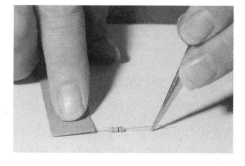

图3.10　细砂纸清洗元器件引脚

2）搪锡

（1）搪锡的方法有如下几种。

① 电烙铁搪锡。电烙铁搪锡是业余电子产品制作的最常用方法。电烙铁搪锡采用温控电烙铁，搪锡温度控制在$300\pm10℃$，搪锡时间为2s。

② 锡锅搪锡。锡锅搪锡采用温控锡锅，搪锡温度不大于290℃，搪锡时间为1～2s，在搪锡过程中，应不断清除锡锅表面上的氧化残渣，确保搪锡引线表面光滑明亮。

③ 超声波搪锡。超声波搪锡在超声波搪锡机上进行，搪锡时元器件引线应紧贴变幅杆端面，以得到最佳搪锡效果。超声波搪锡温度控制在240～260℃，搪锡时间为1～2s。

（2）搪锡的质量要求如下。

① 搪锡表面光滑明亮，无拉尖和毛刺，搪锡层薄而均匀、无焊剂残渣和其他粘污物。

② 轴向引线元器件搪锡时，一端引线搪锡后，要等元器件冷却后，才能进行另一端引线的搪锡。

③ 在规定温度和时间内若搪锡质量不好，可待引线冷却后，再进行第二次搪锡。当第二次失败后，应立即停止操作并找出原因，再进行搪锡处理。

④ 部分元器件，如非密封继电器、开关元件、电连接器等，一般不宜用锡锅搪锡，采用电烙铁搪锡，并严禁焊料、焊剂渗入元器件的内部。

⑤ 剥有玻璃绝缘端子的元器件引线搪锡时，应采取散热措施，以防止玻璃绝缘端子开裂损坏。

⑥ 静电敏感器件引线搪锡时，锡锅应可靠接地，以免器件受静电损伤。

⑦ 对内部有电气连接点的元器件引线搪锡时，一般宜采用超声波搪锡。

2．焊件装配

（1）根据要求将待焊接的元器件引脚成形。

（2）首先焊接中小功率电阻。

（3）其次再焊接电容。

（4）再次焊接中周（中频变压器）、变压器、双连调谐可变电容、耳机插座等器件。

（5）检查无误后，最后焊接半导体器件：二极管、晶体管等元器件。因半导体器件温度超过其极限易损坏，因此焊接半导体器件时要注意电烙铁的功率、温度、焊接时间。焊接小功率的半导体器件时电烙铁的功率要小于 35W、温度不能高于 300℃，焊接时间小于 3s，最好控制在 2s 以内，一次焊接失败后应等几分钟管脚温度降到常温后再焊接。

3．焊后清洁及瑕疵焊接点补焊

（1）用无水酒精或者香蕉水清洁焊点周围。

（2）不合格的焊点进行补焊和清洁两道处理。

4．质量检验

检查焊接完成的电路板是否符合质量要求，具体标准如下。

（1）元器件插放整齐，正确，无漏放、多放、错放、极性放反。

（2）焊接面无虚焊、漏焊、短路搭桥、铜箔浮起、焊盘脱落、焊盘起球、夹生焊等缺陷。

（3）焊接面干净，无助焊剂残留。

3.3.2 相应技能训练

1．材料准备

S66E 六管超外差收音机套件，如图 3.11 所示。

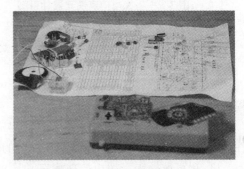

图 3.11　收音机套件材料

2. 使用的设备工具

万用表、电烙铁、焊锡丝、一字和十字螺丝刀、尖嘴钳、斜口钳。

3. 任务内容

焊接 S66E 六管超外差收音机。

4. 动手做做看

按工艺流程顺序焊接 S66E 六管超外差收音机。

安装工艺要求：在动手焊接前用万用表将各个元器件测量一下，先排除损坏的、性能不良的元件。安装的总体先后顺序是先清洗元器件焊接管脚、给管脚搪锡，再开始安装低矮和耐热的无源器件(如电阻、电容)，然后安装体积大一些的元器件(如中频变压器、音频变压器)，最后安装怕热、有源器件(如晶体管、发光二极管)。

1) 电阻的安装

将电阻的标号按色环表示的阻值找好一一对应，根据电路板相应电阻的安装孔距对管脚进行预加工，其中 R2、R5、R8、R9、R10 采用立式安装；R1、R3、R4、R6、R7 采用卧式安装，如图 3.12 所示。

焊接前先将电烙铁插上电源，调节温度到 280~310℃，等温度稳定，烙铁头上的焊锡熔化后用醮有清水的专用耐高温清洁海绵将烙铁头上的氧化物除去，如图 3.13 所示。若是新启用的电烙铁，要先给烙铁头搪锡。

图 3.12 电阻安装放置方式图

图 3.13 用清洁海绵清洁烙铁头

电阻可插装一个焊接一个，也可全部插装好后再焊接，电阻插装时要养成良好的习惯，立式安装可将色环第一环朝上、卧式安装朝左，这样有利于辨识、电路调试和故障原因查找。焊接的正确操作是右手拿电烙铁，左手拿焊锡丝，烙铁头紧贴待焊接的焊盘和元器件引脚，加热 1~3s 时间，左手将焊锡丝送到焊盘，数量根据焊盘的大小来确定，注意焊锡量不可太少也不要太多，如图 3.14 所示。

焊接好后长出的引脚可用斜口钳或指甲钳剪短，如图 3.15、图 3.16 所示。

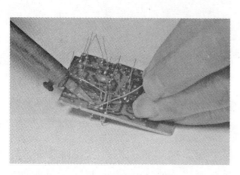

图 3.14　正确焊接图例

图 3.15　斜口钳剪管脚示意图

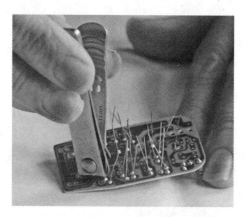

图 3.16　指甲钳剪管脚示意图

2）电容的安装

本电路电容分为瓷片电容和电解电容两种。其中瓷片电容按图 3.17 所示对引脚进行成形，引脚预留的长度要适中。

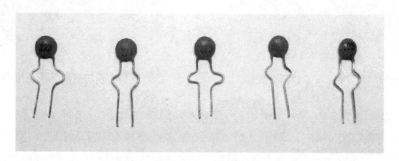

图 3.17　瓷片电容引脚的成形

瓷片电容按如图 3.18 进行插装。

电解电容引脚不需要预加工，但是电解电容引脚是有极性的，有正极和负极之分，引脚较长一些的是正极，电路板上电解电容的丝印图案有斜线阴影标注的是负极，插装时不能插错，如图 3.19 所示。

图 3.18　瓷片电容插装图

图 3.19　电解电容插装图

电容焊接时要紧贴电路板，如图 3.20 所示。

图 3.20　电解电容焊接图

3）中频变压器(中周)、音频变压器的安装

中频变压器(中周)有 3 只，它们外观相同但是不相同的，T2、T3、T4 可按磁帽的颜色来区分，如图 3.21 所示，安装时不能装错。

T2　　　　　　　　　T3　　　　　　　　　T4

图 3.21　中频变压器(中周)外形图

安装中频变压器(中周)前先将屏蔽罩的 2 个焊接脚用刀片或砂皮打磨再搪锡，这样有助于焊接。

音频变压器两边各有 3 根引脚，是对称的，但是安装时是有方向的，不能随便插装，插装前需用万用表测量以判别安装方向。中频变压器(中周)、音频变压器的安装如图 3.22 所示。

4）双连调谐电容、磁棒线圈、耳机插座的安装双连调谐电容、耳机插座安装前应先将其焊接脚先用刀片或砂皮打磨再搪锡。

磁棒线圈焊接前可用小刀将外层绝缘漆刮去再用电烙铁搪锡，或直接用醮有助焊剂及焊锡的电烙铁在漆包线的焊接头来回摩擦将锡搪上。

耳机插座焊接前可用小刀将焊接脚刮过，再用烙铁搪锡处理。耳机插座焊接要快，以免烫坏插座的塑料部分而造成接触不良。双连调谐电容、磁棒线圈、耳机插座的安装如图3.23所示。

图3.22 中周、音频变压器安装图

图3.23 双连调谐电容、磁棒线圈、耳机插座的安装示意图

5）晶体管和发光二极管的安装

晶体管外形一样，但型号有所不同，请注意区分，如图3.24所示。引脚预留的长度要适中。

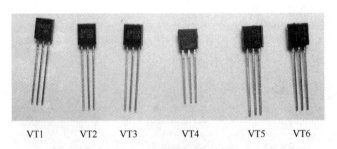

VT1　VT2　VT3　VT4　VT5　VT6

图3.24 晶体管型号示意图

晶体管安装时按电路板丝印图形标注的方向插装，如图3.26所示。

发光二极管引脚是有极性的，有正极和负极之分，引脚较长一些的是正极，注意区分，如图3.25所示。安装时从焊接面方向插装，引脚预留长度以电路板安装到收音机壳内，发光二极管顶入预留安装孔内为准。

晶体管和发光二极管的耐热性能较差，焊接温度过高、时间过长容易损坏，因此焊接时要注意严格控制焊接温度和时间，若一次未焊接成功，要等几分钟让其降温后再焊接。

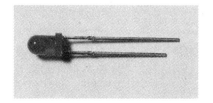

图 3.25 发光二极管外形图

图 3.26 晶体管安装示意图

3.3.3 评价标准

评价标准见表 3-4。

表 3-4 评价标准表

班级		学号		姓名		成绩		
考核点	观察点	分值		要求		自评	小组测评	教师评价
工作态度和团队精神（20%）	考勤	5		无旷课、迟到、早退现象				
	学习、工作态度	5		学习积极性高，有严谨的工作作风和敬业精神，质量意识强				
	团队协作精神	5		具有良好的团队合作精神，能主动与人合作、参与团队工作，与人交流和协商				
	5S 纪律	5		工具、仪器、材料做到定位放置，安全、文明操作，现场整洁卫生，做到及时清理、清扫				
技能操作（60%）	元器件预处理	20		元器件管脚清洁、管脚成形、搪锡。元器件插放正确，整齐，无错放、极性放反				
	元器件焊接	40		能正确焊接元器件，无虚焊、脱焊、拉尖、桥接、球焊、印制板铜箔起翘、焊盘脱落等焊接缺陷，没有因为焊接不当而造成元器件损坏及对焊接缺陷进行补焊				
总结与反思（20%）	总结和答辩	20		能及时对学习过程进行总结与反思，能正确回答同学、老师提出的问题				
合计								

3.4 任务四　大屏幕数字钟组装与调试(集成电路焊接)

3.4.1　相关知识学习

1. 传统的穿孔插装技术(THT)集成电路的封装种类

随着表面封装技术 SMT 的飞速发展，传统的穿孔插装技术应用日趋减少，但是因为 THT 技术发展时间久远，因此相应的 THT 集成电路的封装种类也非常繁多。现主要介绍以下几种。

1) 双列直插式封装 DIP (Dual Inline Package)

双列直插式封装是插装型封装之一，引脚从封装两侧引出，封装材料有塑料和陶瓷两种。DIP 是最普及的插装型封装，应用范围包括标准逻辑 IC，存贮器 LSI，微机电路等。DIP 封装实物如图 3.27 所示。

图 3.27　DIP 封装实物图

引脚中心距 2.54mm，引脚数从 6～64。封装宽度通常为 15.2mm。有的把宽度为 7.52mm 和 10.16mm 的封装分别称为 skinny DIP 和 slim DIP(窄体型 DIP)。但多数情况下并不加区分，只简单地统称为 DIP。另外，用低熔点玻璃密封的陶瓷 DIP 也称为 cerDIP。DIP 封装尺寸如图 3.28 所示。

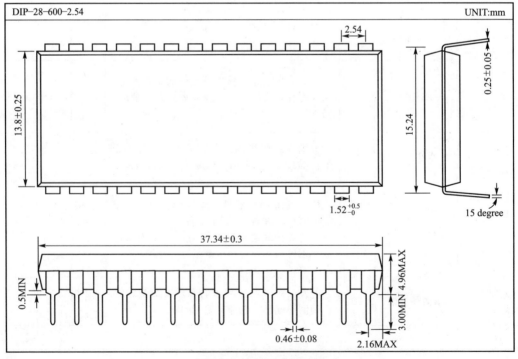

图 3.28　DIP 封装尺寸图

2) 单列直插式封装 SIP (Single In - line Package)

单列直插式封装的引脚从封装一个侧面引出，排列成一条直线。当装配到印刷基板上时封装呈侧立状。引脚中心距通常为 2.54mm，引脚数从 2～23，多数为定制产品。封装的形状各异。也有的把形状与 ZIP 相同的封装称为 SIP。图 3.29 所示为 SIP 封装尺寸，封装实物如图 3.30 所示。

欧洲半导体厂家多采用 SIL 这个名称取代 SIP 封装。

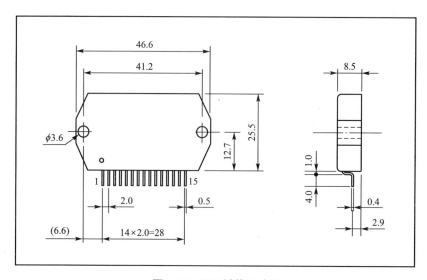

图 3.29　SIP 封装尺寸图

图 3.30　SIP 封装实物图

3) 收缩型 DIP

收缩型 DIP 又称 SDIP，是插装型封装之一，形状与 DIP 相同，但引脚中心距 (1.778mm) 小于 DIP (2.54mm)，因而得此称呼。引脚数从 14～90，也有称为 SH-DIP 的。材料有陶瓷和塑料两种。

SDIP 封装尺寸如图 3.31 所示，封装实物如图 3.32 所示。

4) 带金属散热器双列直插式封装 DIP - tab

DIP - tab 是 Dual Inline Package with Metal Heatsink 的缩写，引脚排列规格尺寸与 DIP 相同。DIP - tab 封装实物如图 3.33 所示。

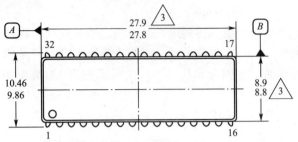

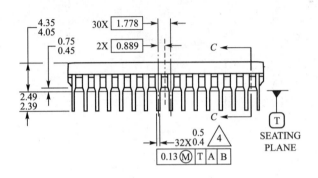

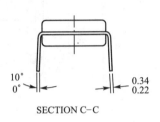

SECTION C–C

32–Pin SDIP

图 3. 31　SDIP 封装尺寸图

图 3. 32　SDIP 封装实物图

图 3. 33　DIP‑tab 封装实物图

5) 链齿状直插式封装 ZIP(Zig‑Zag Inline Package)

ZIP 即链齿状直插式封装。ZIP 封装是 SIP 封装形式的一种变化,它的引脚仍是从封装体的一边伸出,但排列成双排锯齿形。这样,在一个给定的长度范围内,提高了引脚密度。

ZIP 封装尺寸如图 3.34 所示,封装实物如图 3.35 所示。

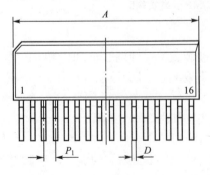

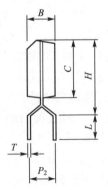

图 3. 34　ZIP 封装尺寸图

图 3.35　ZIP 封装实物图

6）其他封装形式

（1）晶体管封装形式 TO - 220F。TO - 220F 封装尺寸如图 3.36 所示，封装实物如图 3.37 所示。

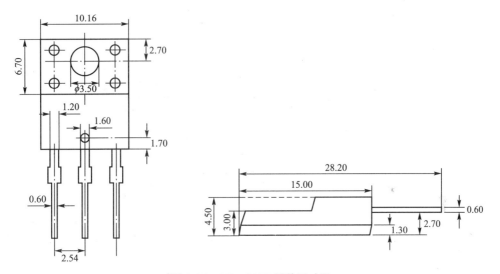

图 3.36　TO - 220F 封装尺寸图

图 3.37　TO - 220F 封装实物图

（2）TO - 3 封装。TO - 3 封装尺寸如图 3.38 所示，封装实物如图 3.39 所示。

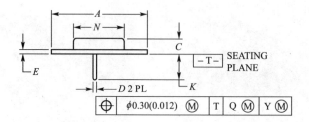

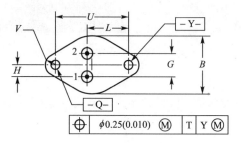

图 3.38　TO-3 封装尺寸图

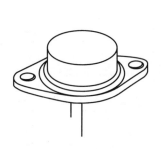

图 3.39　TO-220F 封装实物图

（3）TO-71 封装。图 3.40 为 TO-71 封装外形图。

（4）TO-72 封装。图 3.41 为 TO-72 封装外形图。

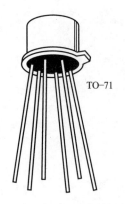

图 3.40　TO-71 封装外形图

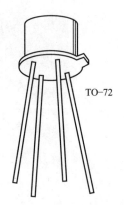

图 3.41　TO-72 封装外形图

（5）TO－78 封装。图 3.42 为 TO－78 封装外形图。

（6）TO－8。图 3.43 为 TO－8 封装外形图。

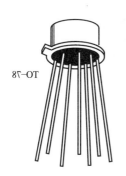
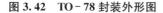

图 3.42　TO－78 封装外形图　　　　图 3.43　TO－8 封装外形图

2. 集成电路焊接

手工焊接集成电路和焊接一般分立元器件的方法相同，但由于 THT 集成电路引脚排列尺寸一般比分立元器件要密集，集成电路比分立元器件耐高温性能要差一些，且集成电路要防止静电击穿损坏，因此手工焊接集成电路和焊接一般分立元器件还有些不同之处。

手工焊接集成电路一般分四个步骤进行。

1）准备焊接

清洁被焊集成电路的积尘及油污，再将被焊集成电路周围的元器件左右掰一掰，让电烙铁头可以触到被焊集成电路的引脚焊锡处，以免烙铁头伸向焊接处时影响其他元器件。焊接新的元器件时，应对元器件的引线镀锡。

2）加热焊接

焊接集成电路的电烙铁最好采用带接地线的调温烙铁或焊接集成电路的专用烙铁。图 3.44 所示为带接地线的调温烙铁，图 3.45 所示为带多焊接头的焊接集成电路的专用烙铁。

图 3.44　带接地线的调温烙铁

焊接前，首先要严格按电路标记的方向放好集成电路，切记不可放错，因为集成电路引脚较多，焊接完成之后再发现放错拆焊非常麻烦，而且拆焊时往往会造成印制电路板和集成电路的损坏。然后接好电烙铁的接地线，再将蘸有少许焊锡和松香的电烙铁头接触被焊集成电路的引脚约几秒钟，待焊锡充分熔化，与集成电路引脚浸润后

图 3.45 带多焊接头的焊接集成电路专用烙铁

迅速移开。

3）清理焊接面

若所焊部位焊锡过多，可将烙铁头上的焊锡甩掉（注意不要烫伤皮肤，也不要甩到印制电路板上），用光烙锡头"蘸"些焊锡出来。若焊点焊锡过少、不圆滑，可以用电烙铁头"蘸"些焊锡对焊点进行补焊。

4）检查焊点

看焊点是否圆润、光亮、牢固，是否有与周围元器件连焊的现象。

3. 集成电路焊接要点

要焊好集成电路，需要掌握以下要领。

1）引脚要干净。

2）焊盘要干净。

3）烙铁头要干净没有杂物，应含焊锡。

4）焊接时用带松香的焊丝，对引线较密集的集成电路最好采用 $\phi 0.3mm$ 的细焊丝。

5）焊接集成电路不要追求一次焊好，可先焊接集成电路对角的两只引脚，用以固定集成电路，然后再焊接其他引脚。

3.4.2 相应技能训练

图 3.46 LT-80C 通用数字
IC 测试仪外形图

1. 材料准备

大屏幕数字钟套件。

2. 使用的设备工具

LT-80C 通用数字 IC 测试仪（图 3.46）、万用表、带接地线的调温烙铁和焊接集成电路的专用烙铁、焊锡丝、一字和十字螺丝刀、尖嘴钳、斜口钳。

3. 任务内容

焊接大屏幕数字钟。

4. 动手做做看

安装焊接大屏幕数字钟。

安装工艺要求：在动手焊接前用万用表将除集成电路之外的电阻、电容等分立元器件测量一下，先排除损坏的、性能不良的元件。本任务所用的集成电路为数字集成电路，可用 LT-80C 通用数字 IC 测试仪进行测量以判断其好坏。

安装的总体先后顺序是先清洗元器件焊接引脚、给引脚搪锡，再开始安装焊接低矮和耐热的无源器件(如电阻、电容)，然后安装焊接插针、跳线，再安装焊接通用二极管、晶振，随后安装焊接发光二极管，最后安装怕热、易损的数字集成电路器件。

1) 电阻的安装焊接

除 R2(220kΩ)采用立式安装外，其他电阻全部采用卧式安装焊接，如图 3.47 所示。

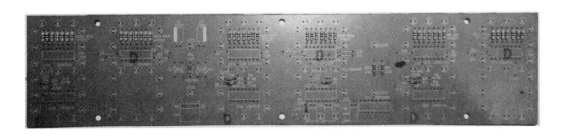

图 3.47　电阻的安装焊接图

2) 电容的安装焊接

本项目共 6 个 $0.1\mu F$ 的瓷片电容和 2 个 $100\mu F$ 的电解电容。

其中瓷片电容按图 3.48 所示对引脚进行成形，引脚预留的长度要适中。电解电容采用紧贴电路板安装，注意电容极性按电路板丝印标志安装，不要装反。电容安装焊接好后如图 3.49 所示。

3) 安装焊接插针、跳线

(1) 将套件中的插针按 2 根为一组分开，共有 5 组(图 3.50)，插入电路板中焊接，因为插针为塑料件，不耐高温，因此焊接时间要短，以防止塑料熔化。插针安装焊接好后如图 3.51 所示。

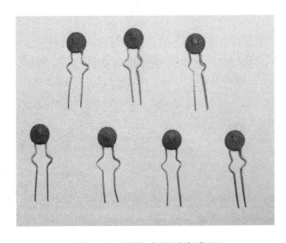

图 3.48　瓷片电容引脚成形

图 3.49　电容完成安装焊接图

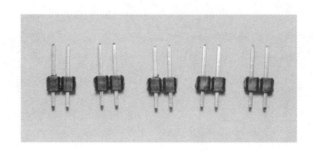

图 3.50　插针外形图

图 3.51　插针完成安装焊接图

（2）本电路板有 22 处需焊接短路跳线，但套件中没有配套的跳线，可以将焊接后剪断的元器件引脚成形后作为跳线。跳线安装焊接后如图 3.52 所示。

图 3.52　跳线完成安装焊接图

4）安装焊接通用二极管

套件中有 4 只 IN4007 整流二极管和 6 只玻封二极管 IN4148，均采用卧式安装。需要注意的是，IN4148 是玻璃封装，在引脚成形时不能受到大的应力，不然易造成封装破裂损坏。在成形时可用镊子夹住引脚的根部，然后弯折引脚成形，这样可预防引脚根部应力集中，具体操作如图 3.53 所示。

数字电路工作需要时钟信号，因此套件中有一只用于产生时钟信号的晶振，安装焊接前可按图 3.54 进行整形处理。

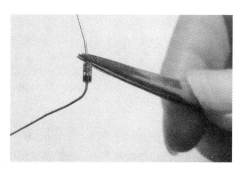　

图 3.53　玻封二极管成形操作　　　　图 3.54　晶振引脚整形

5）发光二极管的安装焊接

本大屏幕数字钟电路的时间显示是通过焊接在电路板上的 6 个组合成 8 字形的 ϕ3mm 发光二极管来完成的，因此发光二极管数量较多，有 168 只，安装焊接要求所有发光二极管要等高，按电路板上的 8 字形图案排列整齐。为保证所有发光二极管等高，引脚可按图 3.55进行整形处理。

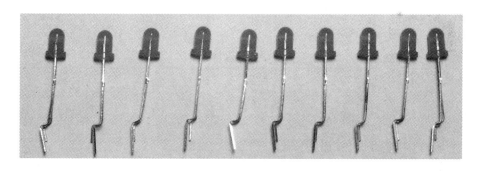

图 3.55　发光二极管引脚整形

发光二极管插放时注意引脚极性与电路板丝印符号相对应，如图 3.56 所示。焊接发光二极管时注意控制好电烙铁的温度和焊接时间，以免损坏发光二极管。

6）数字集成电路的安装焊接

套件中共有 11 片数字集成电路，插放时应注意型号与电路图中相应的 IC 编号对应，同时 IC 的缺口与电路板上的丝印缺口要方向一致。如果焊接完成后发现集成电路方向放反，拆焊将非常困难麻烦，而且拆焊时很容易损坏集成电路或电路板。如果电路上电之后才发现集成电路方向放反，则会烧毁集成电路。集成电路插放焊接完成后如图 3.57 所示。

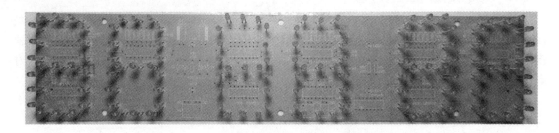

图 3.56　发光二极管安装图

图 3.57　集成电路安装焊接完成图

集成电路因为引脚较多，且分布密集，因此焊接时要采用较细的松香焊锡丝，且选用尖细的烙铁头。有接地线的电烙铁焊接前要接好地线，以防静电击穿集成电路。

3.4.3　评价标准

评价标准见表 3-5。

表 3-5　评价标准表

班级		学号		姓名		成绩		
考核点	观察点	分值		要求		自评	小组测评	教师评价
工作态度和团队精神（20%）	考勤	5		无旷课、迟到、早退现象				
	学习、工作态度	5		学习积极性高，有严谨的工作作风和敬业精神，质量意识强				
	团队协作精神	5		具有良好的团队合作精神，能主动与人合作、参与团队工作，与人交流和协商				
工作态度和团队精神（20%）	5S纪律	5		工具、仪器、材料做到定位放置，安全、文明操作，现场整洁卫生，做到及时清理、清扫				

（续）

班级		学号		姓名		成绩		
考核点	观察点	分值	要求			自评	小组评价	教师评价
技能操作（60%）	集成电路预处理	20	集成电路引脚清洁、引脚成形、搪锡；集成电路放置方向无错误；烙铁使用操作规范					
	集成电路焊接	40	元器件放置正确，安装方式正确，发光二极管排列等高、整齐不歪斜；能正确完成焊接集成电路，无虚焊、脱焊、拉尖、桥接、球焊、印制板铜箔起翘、焊盘脱落、对焊接缺陷进行补焊；无因焊接操作不当而造成元器件损坏					
总结与反思（20%）	总结和答辩	20	能及时对学习过程进行总结与反思，能正确回答同学、老师提出的问题					
合计								

3.5 任务五　手机万能七彩充电器的组装与调试(THT 技术综合应用)

3.5.1　相关知识学习

元器件插放与焊接制程是电子产品生产过程的重要环节，是产生产品质量缺陷的重要环节。

1. THT 元器件插放与焊接过程的质量标准

(1) 元器件插放正确，极性正确，无错放、漏放、多放。

(2) 元器件焊接牢固，焊点光滑、圆润，焊锡适量，无毛刺、搭锡、漏锡。

2. THT 元器件插放与焊接过程常见缺陷分析与改善

THT 元器件插放与焊接过程中常见的缺陷有：装错，漏装，元器件损伤，元件极性方向反等。

(1) 装错。元器件装错是指元器件放错了地方，常见的错误有以下几种。

① 元器件类型放错。例如电阻放到电容位置、无极性电容放到电解电容位置、NPN 晶体管放到 PNP 晶体管处。

② 不同数值的元器件放错。例如 4.7kΩ 阻值的电阻放到 47kΩ 电阻位置，$47\mu F$ 的电容放到 $47\mu F$ 电容位置。

③ 元器件方向放错。

(2) 元器件损伤。元器件损伤是指元器件在插放时因遭受外力作用造成外形损伤和引脚损坏。

（3）元件极性方向放反。元件极性方向放反是指有极性的元器件插放时元器件极性与电路板标记的极性错误。常见的有二极管和晶体管引脚方向放反（图3.58）、电解电容极性放反（图3.59）。

图3.58　晶体管引脚方向放反　　　　图3.59　电解电容极性放反

THT元器件焊接过程常见的缺陷有：焊锡少、焊锡太多、夹生焊（冷焊）、虚焊、搭焊、铜箔浮起、焊盘脱落、断路、黑色氧化皮夹杂、焊盘拉尖。

（1）焊锡少。

① 缺陷概述：少锡是指元件焊接引脚的锡量达不到标准要求及焊盘没有锡轮廓。THT元器件焊接焊锡少的缺陷如图3.60所示。

② 发生原因：焊接元件时送锡量太少；焊盘不干净造成焊锡浸润性差，难上锡；助焊剂太少造成焊锡流动性差；焊接烙铁头有污物，不上锡，传热性差；焊丝选择不合规，选用的焊丝直径太细。

③ 改进方法：焊接元件时增加送锡量；清洁焊盘，焊盘先搪锡；增加助焊剂，改善焊锡流动性；用专用清洁海绵清洁焊接烙铁头或用细砂皮打磨；选择直径合适的焊丝。

（2）焊锡太多。

① 缺陷概述：焊锡太多是指元件焊接引脚的锡量超过标准要求使焊锡轮廓呈球形。THT元器件焊接焊锡太多的缺陷如图3.61所示。

图3.60　少锡焊接缺陷　　　　图3.61　焊锡太多焊接故障

② 发生原因：焊接元件时送锡量太多；焊盘不干净造成焊锡浸润性差，难上锡；助焊剂太多；焊丝选择不合规，选用的焊丝直径太粗。

③ 改进方法：焊接元件时减少送锡量；清洁焊盘，焊盘先搪锡；减少助焊剂；选择直径合适的焊丝。

（3）夹生焊（冷焊）。

① 缺陷概述：夹生焊（冷焊）是指元件焊接引脚的锡有的呈半熔化状态，焊点表面无光泽。THT 元器件焊接的夹生焊（冷焊）缺陷如图 2-62 所示。

② 发生原因：焊接元件时温度太低；焊盘面积大，散热太快；助焊剂失效；烙铁功率太小；焊丝型号选择不正确，焊丝熔点高。

③ 改进方法：调高烙铁焊接温度；选用合格的助焊剂；选用功率合适的烙铁；选择熔点合适的焊丝。

（4）虚焊。

① 缺陷概述：虚焊是指元件焊接引脚与焊点处于有时连接和有时断开的半联通的状态。THT 元器件焊接的虚焊缺陷如图 3.63 所示。

图 3.62 夹生焊（冷焊）焊接故障

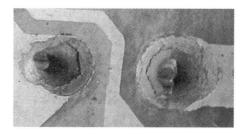

图 3.63 虚焊

② 发生原因：焊接元件时温度不合适，太高或太低；元器件引脚或焊盘氧化未清洁；助焊剂失效；烙铁功率不合适；焊丝型号选择不正确，焊丝熔点高。

③ 改进方法：调接烙铁焊接温度；清洁元器件引脚或焊盘；选用合格的助焊剂；选用功率合适的烙铁；选择熔点合适的焊丝。

（5）搭焊。

① 缺陷概述：搭焊（短路）是指元件没有联通的相邻引脚焊盘被焊锡连接在一起，引起短路。THT 元器件焊接的搭焊（短路）缺陷如图 3.64 所示。

② 发生原因：焊接元件时握烙铁手势不正确；元器件引脚露出太长；焊锡太多；烙铁头选择不合适。

③ 改进方法：纠正错误的握烙铁手势；减少焊锡用量；选用合适尺寸的烙铁头。

（6）铜箔浮起及焊盘脱落（断路）。

① 缺陷概述：铜箔浮起、焊盘脱落（断路）是指元件引脚焊盘脱离电路板及焊盘完全脱离

图 3.64 搭焊

起线路断路。THT 元器件焊接铜箔浮起、焊盘脱落(断路)的缺陷如图 3.65 所示。

图 3.65　铜箔浮起和焊盘脱落(断路)

② 发生原因：焊接元件时时间太长；烙铁功率太大或设定的温度太高；烙铁头因温度过高或过度使用而产生毛刺。

③ 改进方法：缩短焊接元件时时间；减少烙铁功率或设定的温度调低；更换烙铁头。

(7) 黑色氧化皮夹杂及焊点拉尖。

① 缺陷概述：黑色氧化皮夹杂及焊点拉尖是指元件引脚焊点表面有黑色氧化皮等杂物及有尖角和毛刺。THT 元器件焊接黑色氧化皮夹杂及焊点拉尖缺陷如图 3.66 所示。

② 发生原因：烙铁头有氧化皮等污物；烙铁功率太大或设定的温度太高；焊盘有污物未清洁；烙铁离开焊盘太慢。

③ 改进方法：烙铁头用专用海绵清洁后再焊接；减少烙铁功率或设定的温度调低；清洁焊盘；缩短焊接时间。

3.5.2　相应技能训练

1. 材料准备

手机万能七彩充电器套件，如图 3.67 所示。

图 3.66　黑色氧化皮夹杂及焊点拉尖　　　图 3.67　手机万能七彩充电器套件

2. 使用的设备工具

万用表、带接地线的调温烙铁和焊接集成电路的专用烙铁、焊锡丝、一字和十字螺丝刀、尖嘴钳、斜口钳。

3. 任务内容

焊接手机万能七彩充电器。

4. 动手做做看

焊接手机万能七彩充电器。

安装工艺要求：在动手焊接前用万用表将所有元器件测量一下，先排除损坏的、性能不良的元件。

安装的总体先后顺序是先清洗元器件焊接引脚、给引脚搪锡，其次安装焊接电阻、电容等无源器件，然后安装焊接二极管和稳压二极管，再安装焊接 USB 座、变压器，随后安装焊接怕热、易损的晶体管，最后安装发光二极管和七彩发光二极管。

（1）电阻的安装焊接。

除电阻 R3(8.2Ω)为立式安装外，其他电阻均采用卧式安装，如图 3.68 所示。

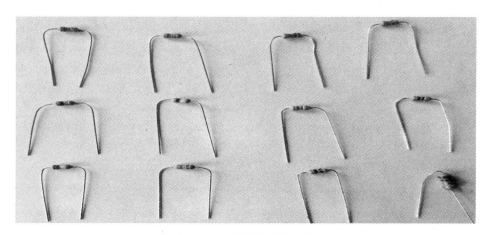

图 3.68　电阻引脚整形图

电阻安装焊接完成后如图 3.69 所示。

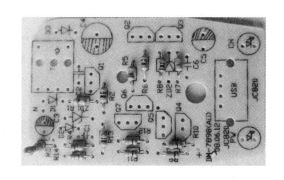

图 3.69　电阻安装焊接完成图

（2）电容的安装焊接。

本电路共有 3 个电解电容和 3 个瓷片电容，其中 C2 为耐压 1kV 的高压瓷片电容，不要相互混淆，电解电容安装时注意引脚极性。电容外形如图 3.70 所示。

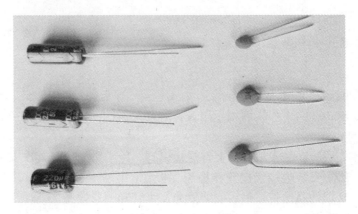

图 3.70　电容外形图

电容安装焊接完成后如图 3.71 所示。

（3）安装焊接二极管和稳压二极管。

套件中有 2 只整流二极管和 3 只玻璃封装二极管。其中 2 只整流二极管是有区别的，VD1 的型号为 IN4007 为普通工频整流二极管，而 VD3 为高频整流二极管，应注意区分。在 3 只玻璃封装二极管中 ZD1 和 ZD2 为 5.6V 稳压二极管，VD2 为普通的玻封二极管 IN4148。

VD1 及 VD3 采用立式安装，VD2、ZD1、ZD2 采用卧式安装，二极管引脚整形如图 3.72所示。

图 3.71　电容安装焊接完成图

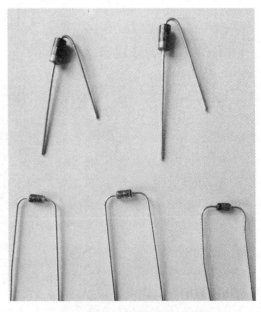

图 3.72　二极管引脚整形图

二极管在线路板上的安装位置如图 3.73 所示。

（4）USB 座、变压器的安装焊接。

USB 座在安装焊接前应用刀片或用砂皮打磨引脚，然后搪锡处理。USB 座、变压器的安装焊接位置如图 3.74 所示。

图 3.73　二极管安装焊接图

图 3.74　USB 座、变压器的安装焊接位置图

（5）晶体管的安装焊接。

套件中有 6 只晶体管，其中 Q1 为耐高压晶体管 MJ13001，注意与其他晶体管区分，如图 3.75 所示。

图 3.75　晶体管外形图

晶体管在电路板上的安装焊接位置如图 3.76 所示。

图 3.76 晶体管安装焊接图

（6）发光二极管和七彩发光二极管的安装焊接。

套件中有 2 只发光二极管，其中一只 CH 充电指示为自闪光发光二极管，另一只 PW 电源指示为红色发光二极管。它们外形上的主要区别是自闪光发光二极管的引脚要比电源指示为红色发光二极管引脚要长一些。安装焊接前先将发光二极管引脚插入套件中的塑料加高件的凹槽中，如图 3.77 所示。

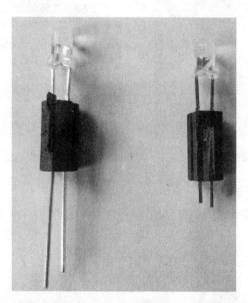

图 3.77 七彩发光二极管和普通发光二极管外形图

发光二极管的安装焊位置如图 3.78 所示。

图 3.78 七彩发光二极管和普通发光二极管安装位置图

最后焊接电源插脚引线和充电引线。

3.5.3　评价标准

评价标准见表3-6。

表3-6　评价标准表

班级		学号		姓名		成绩		
考核点	观察点	分值	要求			自评	小组测评	教师评价
工作态度和团队精神(20%)	考勤	5	无旷课、迟到、早退现象					
	学习、工作态度	5	学习积极性高，有严谨的工作作风和敬业精神，质量意识强					
	团队协作精神	5	具有良好的团队合作精神，能主动与人合作、参与团队工作，与人交流和协商					
	5S纪律	5	工具、仪器、材料做到定位放置，安全、文明操作，现场整洁卫生，做到及时清理、清扫					
技能操作(60%)	元器件预处理	20	元器件引脚清洁、引脚成形、搪锡；元器件插放整齐、规范，无漏放、错放、放错、引脚反放；烙铁使用操作规范					
	元器件焊接	40	能正确完成集成电路焊接，无虚焊、脱焊、拉尖、桥接、球焊、印制板铜箔起翘、焊盘脱落等焊接缺陷及对焊接缺陷进行补焊					
总结与反思(20%)	总结和答辩	20	能及时对学习过程进行总结与反思，能正确回答同学、老师提出的问题					
合计								

思考与练习

1. 什么是焊接？什么是锡焊？简述锡焊的基本过程。
2. 完成锡焊有哪些基本条件？
3. 焊料有何作用？在电子产品中，常用的焊料是哪种？有何特点？
4. 助焊剂有何作用？在电子产品装配中，常用的助焊剂是哪种？为什么？
5. 在焊接工艺中，为什么要使用清洗剂和阻焊剂？

6. 手工焊接握持电烙铁的方法有哪几种？印制电路板上元器件焊接需用哪种握持方法？

7. 什么是焊接的"五步法"？什么是焊接的"三步法"？

8. 简述手工焊接的工艺要求。

9. 简述锡焊的常见缺陷及形成原因。

10. 什么情况下要进行拆焊？简述拆焊的基本方法。

11. 谈谈锡铅合金焊料与无铅焊料的区别，为什么要取缔锡铅合金焊料？

12. 目前无铅焊料的基本构成材料有哪些？

13. 无铅焊料目前的缺陷主要有哪些？

14. 什么是接触焊接？简述接触焊的机理。

15. 压接、绕接各属于何种焊接方式？各是如何进行连接的？

模块四

装配与调试工艺

电子设备的组装是以电路基板为中心而展开的，电路基板的组装是整机组装的关键环节，它直接影响产品的质量。下面通过项目"S66E六管超外差收音机装配与检测""手机万能七彩充电器装配与检测"来学习电路基板装配工艺和检测方法。

4.1 任务一 基板装配与检测

4.1.1 相关知识

1. 电路基板插装

1）电路基板手工插装工艺流程

（1）手工独立插装。在样机试制或小批量生产时，常采用手工独立插装来完成印制电路板的装配过程。这是由一人完成一块印制电路板上全部元器件的插装及焊接等工作程序的装配方式。其操作的流程如图4.1所示。采用独立插装的操作方式时，每个操作者必须将所有元器件从头装配到尾，其效率低，而且容易出差错。

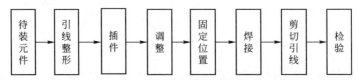

图4.1 手工独立插装流程

（2）流水线手工插件。对于设计稳定、大批量生产的产品，其印制板装配工作量大，常采用插件流水线装配，这种方式可大大提高生产效率，减小差错，提高产品合格率。流水线手工插装是把印制电路板的整体装配分解成若干道简单的工序，每个操作者在规定的时间内，完成指定的工作量的插装过程。流水线装配的工艺流程如图4.2所示。

图4.2 流水线手工独立插装流程

2）电子元器件的安装方法

根据元器件性质和电路的要求的不同，电子元器件的安装方法有多种，如图4.3所示。图4.3(a)所示为直立安装，图4.3(b)所示为埋头安装，图4.3(c)所示为水平安装，图4.3(d)所示为折弯安装；当元器件比较重时，采用图4.3(e)所示的支架安装。

3）电子元器件安装遵循的基本原则

（1）插件顺序一般原则：先低后高，先轻后重、先小后大、先铆后装、先装后焊、先里后外、上道工序不影响下道工序。

（2）插装元器件应使其标记(用色码或字符标注的数值、精度)向上或向外，标记的读数方向要一致(从左到右或从上到下)。卧式插装时，元器件放在两孔中央，排列要整齐；立式插装时同类元器件如色环电阻应高度一致。

（3）插装时不要用手直接碰元器件引脚和印制电路板铜箔。

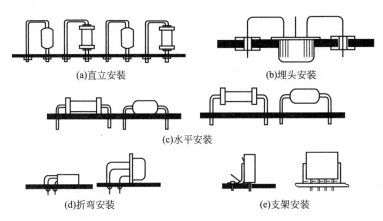

(a)直立安装　　　　　　　　　　　(b)埋头安装

(c)水平安装

(d)折弯安装　　　　　　　　　　　(e)支架安装

图 4.3　电子元器件安装

（4）元器件的间距：印制电路板上的元器件之间的距离不能小于1mm，引线间距要大于2mm，必要时要给引线套上绝缘套管。

（5）插装后为了固定可对引脚进行折弯处理。

4）手工插件的工艺要求

（1）插件前准备：要认真核对元器件型号、规格，核对元器件预成形尺寸、形状。

（2）插装方式和要求如下。

卧式安装元器件，如图 4.4 所示，图 4.4(a)为贴紧板面安装，图 4.4(b)为插到台阶安装。立式安装元器件要求插正，不允许明显歪斜，如图 4.5 所示，图 4.5(a)中的 $m=5\sim7$mm，图 4.5(b)为插到台阶安装，图 4.5(c)的 $m=2\sim5$mm。

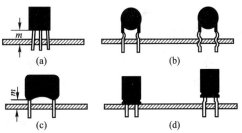

(a)　　　　　　　　　(b)

(c)　　　　　　　　　(d)

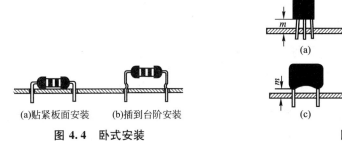

(a)贴紧板面安装　　(b)插到台阶安装

图 4.4　卧式安装　　　　　　**图 4.5　立式插装**

中周、线圈、集成电路、各种插座紧贴板面。

对于有极性元器件(晶体管、电解电容、集成电路)，极性方向不能插反。

（3）插件检查。

检查插入印制电路板的元器件规格、型号、标称值、极性等与工艺文件是否符合，以防插错和漏插。

检查元器件歪斜度是否超过规定值，如图 4.6 所示，以防歪斜不正的元器件造成引线互碰而短路，或因两脚受力不均，在振动后产生焊点脱落、铜箔断裂现象。

检查元器件插装是否有过浅、过深或浮起等现象，以防插入过深，使元器件根部漆膜穿过印制板，造成虚焊；插入过浅，将使引线未穿过安装孔，而造成元器件脱落。

电子产品生产工艺与管理

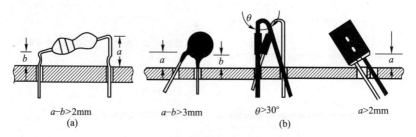

$a-b>2\text{mm}$　(a)　　$a-b>3\text{mm}$　$\theta>30°$　$a>2\text{mm}$　(b)

图 4.6　元器件插装歪斜度超过规定值

2. 电路基板调试与检验

1）电路基板调试与检验的意义

电路基板装配好后，由于其中有很多元器件，各元器件性能参数具有很大的离散性（允许误差等）、电路设计的近似性，再加上装配过程中的其他因素的影响，使装配完的基板达不到设计规定的功能和性能指标，这就要求在整机装配前做好基板的调试与检验。基板的调试包括调整和测试两部分内容。调整主要是对电路参数的调整，一般是对电路中可调元器件，如可调电阻、可调电容、可调电感等的调整，使电路达到预定的功能和性能要求。测试主要是对电路的各项技术指标和功能进行测量和试验，并同设计的性能指标进行比较，以确定电路是否合格。实际上电子产品的调整和测试是同时进行的，要经过反复的调试和测试，产品的性能才能达到预期的目标。

2）基板调试与检验的主要内容

（1）外观检查。外观检查是用目视法检查电路板各元件的安装是否正确，具体有以下几个方面：

① 各元器件的型号规格是否配套正确；各引脚安装是否正确；电解电容、晶体管等的极性是否装反等。

② 各焊点有无虚焊、漏焊、桥接等现象；多股线有无断股或散开现象。

③ 整理各元器件，排除元器件裸线相碰之外，清除滴落在基板上的锡珠、线头等异物。

（2）静态调试。静态调试是指在不加输入信号（或输入信号为零）的情况下，进行电路直流工作状态的测量和调整。通过静态测试，可以及时发现已损坏的元器件，判断电路工作情况并及时调整电路参数，使电路工作状态符合设计要求。下面以"S66E 六管超外差收音机"的基板调试为例来说明静态调试。

收音机的静态调试主要是指对各晶体管的静态集电极电流 Ic 的调整。一般先将双联调至无电台的位置或将天线线圈的初级或次级两端点短路，来保证电路工作处于静态。如图 4.7 所示，分别预留有 A、B、C、D 4 个缺口，方便测试各级电流。

测量各级电流前，关闭电位器开关，装上电池，表笔跨接在电位器开关的两端（黑表笔接电池负极，红表笔接开关另一端），若电流指示小于 10mA 则说明可以通电。

① 变频级 VT1 的 Ic 调整。在 A 缺口处串入万用表（1mA 挡），正常时，电流应为 0.3mA 左右，若偏差较大，则说明 VT1 的 β 值不符合要求（要求的 β 值为 $50\sim80$，即色点为绿色）。可更换 VT1 或调整 R1 的阻值。

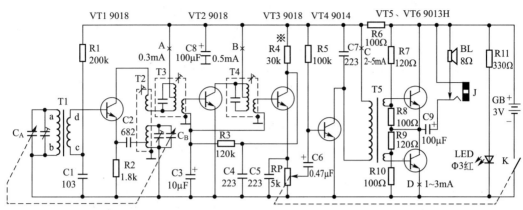

注：1. 调试时请注意连接集电极回路A、B、C、D(测集电极电流用)；
　　2. 中放增益低时，可改变R4的阻值，声音会提高。

图4.7　S66E 六管超外差收音机原理图

② 中放级 VT2 的 Ic 调整。在 B 缺口处串入万用表(1mA 挡)，正常时，电流应为
0.5mA 左右，若偏差较大，则说明 BG2 的 β 值不符合要求(符合要求的 β 值为 80～120，
即色点为蓝色)。可更换 VT2 或调整 R3、R4 阻值。

③ VT3 是低放兼检波管，Ic 很小，为几十微安，一般不需要单独调试，只要 VT2 正
常，则认为 VT3 也正常。

④ 低放前置级 VT4 的 Ic 调整。在 C 缺口处串入万用表(10mA 挡)，正常时，电流应为
4mA 左右，若 Ic 偏差较大，则说明 VT4 的 β 值不符合要求(要求的 β 值为 120～180，即色
点为紫色)。可更换 VT4 或调整 R5 阻值。

⑤ 功放级 VT5、VT6 的 Ic 调整。在 D 缺口处串入万用表(10mA 挡)，正常时，电流
应为 2mA 左右，若偏差较大，则说明 VT5、VT6 的 β 值不符合要求(要求的 β 值为 180～
270，即色点为灰色)，可更换 VT5、VT6 或调整 R7 、R8、R9、R10 的阻值。

功放级的静态电流和中点电压应统筹考虑。中点电压即图中的功放中点(C5 的 "+"
极)的电压，应为电源电压的一半，即 0.75V。若电压偏离 0.75V 较多，说明 VT5、VT6
两管的 β 值相差较大，需要重新选配 β 值、穿透电流 I_{CEO} 等特性一致的晶体管。

(3) 动态调试。

动态是指电路的输入端接入适当频率和幅度的信号后，电路各有关点的状态随着输入
信号变化而变化的情况。在实际工程中，动态测试以测试电路的信号波形和电路的频率特
性为主，有时也测量电路相关点的交流电压、动态范围等，调整电路的动态特性参数，通
常是指调整电路的交流通路元件，如电容、电感等，使电路相关点的交流信号的波形、幅
度、频率等参数达到设计要求。

收音机的动态调试包括波形的调试(包括低频放大部分的最大输出功率、额定输出功
率、总增益、失真度等)和幅频特性(中频调整等项目)的调试。

① 低频放大部分的最大输出功率的调试。一般超外差收音机的低频放大部分包括低
频前置放大器和低频功率放大器。调试方法是：用电阻负载代替喇叭，接通被测收音机电
源。将音频信号发生器输出端接到低频放大部分的输入端，即音量电位器两端，音量电位
器置于最大位置，调节音频信号发生器的输出频率为 1kHz，输出信号幅度由几毫伏开始

逐渐增大，同时观察跨接在输出端(电阻负载)的音频毫伏表和示波器，当示波器显示的电压波形即将出现饱和失真时，将对应的音频毫伏表指示的电压 U_0 换算成功率，即为最大输出功率。

例如，音频毫伏表电压示值 U_{0max} 为 1.2V，喇叭的阻抗为 8Ω，则最大输出电压 U_0 为：$P_{0max} = U_{0max/R}^2 = 1.2^2/8 = 0.18W = 180mW$。

② 额定输出功率情况下电压增益的测试。在额定输出功率情况下，音频放大部分输出端(即喇叭或电阻负载两端)的输出电压 U_0 和音频放大部分输入端(即音频信号发生器输出端)输入电压 U_i 之比，即为音频放大部分总增益。测试额定输出功率情况下的电压增益，首先应根据额定输出功率 P_0 换算出额定输出的电压 U_0。

例如，某收音机的额定功率为 120mW，喇叭阻抗为 8Ω，则额定输出电压 U_0 为：$U_0 = \sqrt{P_0 R} = \sqrt{0.12 \times 8} = 0.98V$。测试时，调音频信号发生器的输出频率为 1kHz，调节音频信号发生器的输出信号幅度，使收音机输出端的输出电压 U_0 为 0.98V，即跨接在输出端的音频毫伏表指示值为 0.98 V。保持 U_0 不变，用毫伏表测出此时被测电路输入端(即音频信号发生器输出端)输入的信号电压 U_i，则电压增益 A_{V0} 可按下式计算：$A_{V0} = U_0/U_i$。

③ 输出额定功率时的失真度 D 测试。测试时，也应先计算出额定输出电压 U_0，计算方法同上。例如，$U_0 = 0.98V$，则失真度的测试方法是：调节音频信号发生器的输出频率为 1kHz，调节音频信号发生器的输出信号幅度，使收音机输出端的输出电压 U_0 为0.98V。保持 U_0 不变，用失真度仪测出输出端的失真度，即为额定功率时的失真度。

④ 中频调整。中频调整又称校中周，即调整各中频变压器(中周)的谐整回路，使各中频变压器统一调谐 465kHz。用高频信号发生器调整中频是一种最常用的方法，使用的仪器有高频信号发生器、音频毫伏表或示波器、直流稳压电源或电池。有时可以不用音频毫伏表和示波器，改用万用表测量整机电流和直接听喇叭声音(音量调小些)来判断谐振峰点。调试方法是：将高频信号发生器的输出调到 465kHz，调制度 30%，调制信号选 400Hz 或 1000Hz，输送到收音机的天线，从小到大慢慢调节高频信号发生器输出信号的幅度，直至喇叭里听到音频声音。用无感起子按从后级到前级的次序旋转中周的磁帽，使收音机的输出最大(喇叭声音最大、毫伏表指示最大或示波器波形幅度最大)。

收音机基板装好以后，往往会出现静态工作电流不正常的情况，如遇此问题，必须先把问题解决后，才能把在电路板上预留缺口焊接起来。

4.1.2 相应技能训练

1. 材料准备

S66E 六管超外差收音机套件。

2. 使用的设备工具

万用表、电烙铁、焊锡丝、一字和十字螺丝刀、尖嘴钳、斜口钳。

3. 任务内容

S66E 六管超外差收音机印制电路板的元器件插装焊接调试。

4．动手做做看

1）完成 S66E 六管超外差收音机印制电路板的元器件插装与焊接

（1）元器件插装与焊接。

① 按照装配图正确插入元件，采用立式还是卧式应根据印制电路板元器件引线两焊盘距离决定，距离印制电路板的高度应符合工艺要求。

② 注意二极管、晶体管的型号及极性，要与原理图和印制电路板图所示型号和极性一一对应。

③ 电解电容器在安装时要注意极性，安装要紧贴板面。

④ 振荡线圈与中周用磁帽的颜色来加以区分，不同的中周颜色是不同的，安装时一定要正确选取。安装前先将引脚上的氧化物刮除，安装要紧贴板面。

⑤ 输入、输出变压器用不同颜色来区分，不能调换位置，安装前先将引脚上的氧化物刮除，安装要紧贴板面。

⑥ 音量调节开关与双联可变电容器采用紧贴电路板安装，将双联可变电容器的引脚弯折，并与焊盘紧贴。

（2）收音机电路板整体检查。

① 检查电路成品板上焊点是否有虚焊、漏焊、桥连等现象。

② 检查电路成品板上的元器件是否有漏装、极性装错等情况。

③ 检查电路成品板上元器件引脚是否有碰触情况。

④ 检查电路板上的印制导线、焊盘是否有断线、脱落等现象。

2）收音机电路板静态测试

（1）对收音机各级电路的直流进行测量，并将各级电流记录下来。

① 若各级测试电流在规定范围内，则可将电路板测试点的开口 A、B、C、D 合焊起来。

② 若某级有一定的电流，但电流不在规定的范围内，说明这一级有问题，应该先检查这一级的晶体管极性有没有接错，中周、输入变压器有没有装错，再调整相应的偏置电阻；若没有电流，则要检查是不是有虚焊、假焊和错焊等故障原因。

（2）对收音机各级电路的直流电压进行测量，并将个单元电路的电压记录下来。

3）收音机电路板动态测试

（1）完成低频放大部分的最大输出功率的测试。

① 仔细阅读音频信号发生器、双通道毫伏表、双踪示波器的使用说明，掌握这 3 种仪器的使用方法。

② 根据测试要求，将音频信号发生器、双通道毫伏表、双踪示波器接到相应的位置。

③ 将音量电位器置于放大位置，调节音频信号发生器的输出频率为 1kHz，输出信号幅度由几毫伏开始逐渐增大，同时观察跨接在输出端（电阻负载）的音频毫伏表和示波器，当示波器显示的电压波形即将出现饱和失真时，记录下毫伏表的电压。

④ 计算低额放大部分的最大输出功率。

（2）完成额定输出功率下电压增益的测试。

① 根据额定输出功率 P_0 换算出额定输出的电压 U_0。

② 调节音频信号发生器的输出频率为 1kHz，调节音频信号发生器的输出信号幅度，

使收音机输出端电压为 U_o。

③ 用毫伏表测试出此时被测电路输入端(即音频信号发生器输出端)的信号电压为 U_i。

④ 计算电压增益 A_{vo}。

4.1.3 评价标准

评价标准见表 4-1。

表 4-1 评价标准表

班级		学号		姓名		成绩		
考核点	观察点	分值		要求		自评	小组测评	教师测评
工作态度和团队精神(20%)	考勤	5		无旷课、迟到、早退现象				
	学习、工作态度	5		学习积极性高,有严谨的工作作风和敬业精神,质量意识强				
	团队协作精神	5		具有良好的团队合作精神,能主动与人合作、参与团队工作,与人交流和协商				
	5S纪律	5		工具、仪器、材料做到定位放置,安全、文明操作,现场整洁卫生,做到及时清理、清扫				
基板装配、检测(60%)	基板装配	20		元器件插装符合工艺要求、焊接质量好				
	基板检测	20		了解基板检测的意义,能正确进行静态测试和动态测试				
	基板故障排除	20		对出现的故障能进行分析,并能采取相应的方法进行排除				
总结与反思(20%)	总结和答辩	20		能及时对学习过程进行总结与反思,能正确回答老师提出的问题				
合计								

4.2 任务二 整机总装与调试

电子整机的总装就是将组成整机的各部分装配件经检验合格后,连接合成完整的电子产品的过程。整机调试是总装完成后,通过调试确保整机产品韵技术指标完全达到设计要求。

4.2.1　相关知识

1. 整机总装

整机总装包括机械和电气两大部分工作。具体地说，电子产品整机总装是将各零件、部件、整件按照设计要求安装在不同的位置上，再用导线将零件部件之间进行电气连接，完成一个具有一定功能的完整的产品。

1）总装的连接方式

总装的连接方式可归纳为两类：一类是可拆卸的连接，即拆散时不会损伤任何零件，它包括螺钉连接、柱销连接、夹紧连接等；另一类是不可拆连接，即拆散时会损坏零件或材料，它包括锡焊连接、胶粘、铆钉等。

2）总装的工具和方法

（1）螺钉紧固。在电子产品的装配中，螺钉紧固安装因其具有使用工具和操作方法简单、连接可靠、维修方便等特点，占有很大比例。用螺钉、螺母将零部件紧固在各自的位置上，看似简单，但要达到牢固、安全和可靠的要求，则必须对紧固件的规格、紧固工具和操作方法切实掌握。

① 紧固工具。紧固所用的工具有螺丝刀、扳手、套筒等。工业生产中都使用力矩工具，以保证每个螺钉都以最佳力矩紧固。大批量工业生产中均使用电动或气动紧固工具，并且都有力矩控制机构。

② 最佳紧固力矩。每种尺寸的螺钉都有固定的最佳紧固力矩，使用力矩工具很容易达到要求，但使用一般的工具，则要靠实践经验才能达到最佳紧固力矩。

③ 紧固方法。使用普通螺丝刀紧固的要领是：先用手指尖握住手柄拧紧螺钉，再用手掌拧半圈左右即可；紧固有弹簧垫圈的螺钉时，把弹簧垫圈刚好压平即可；对成组的螺钉紧固，采用对角轮流紧固方法，先轮流将全部螺钉预紧（刚刚拧上力止），再按对角线的顺序轮流将螺钉紧固。

④ 常用紧固件的类型及适用范围。常用紧固件的类型如图 4.8 所示。

当需要连接面平整时，要选用沉头螺钉。自攻螺钉适用于薄铁板与塑料件之间的连接，其特点是不需要在连接件上攻螺纹。

⑤ 螺钉防松的方法。常用的防止螺钉松动的方法是加装垫圈。

（2）陶瓷零件、胶木零件和塑料件的安装。这类零件的特点是强度低，容易在安装时损坏。因此要选择合适材料作为衬垫，在安装时要特别注意紧固力的大小。陶瓷件和胶木件在安装时要加软垫，

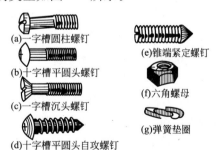

(a)一字槽圆柱螺钉
(b)十字槽平圆头螺钉
(c)一字槽沉头螺钉
(d)十字槽平圆头自攻螺钉
(e)锥端紧定螺钉
(f)六角螺母
(g)弹簧垫圈

图 4.8　常用紧固件示意图

如橡胶垫、纸垫或软铝垫，不能使用弹簧垫圈。选用铝垫圈时要使用双螺母防松。塑料件在安装时容易变形，应在螺钉上加大外径垫圈。使用自攻螺钉紧固时，螺钉的旋入深度不小于直径的 2 倍。

（3）仪器面板零件的安装。在仪器面板上安装电位器、波段开关、接插件等，通常都采用螺纹安装结构。在安装时要选用合适的防松垫圈，特别要注意保护面板，防止在紧固

螺母时划伤面板。

3）总装的顺序和基本要求

（1）总装的顺序。电子产品的总装顺序是：先轻后重、先小后大、先铆后装、先装后焊、先里后外、先平后高，上道工序不得影响下道工序。

（2）总装的基本要求。

① 未经检验合格的装配件不得安装，已检验合格的装配件必须保持清洁。

② 总装过程要根据整机的结构情况，应用合理的安装工艺，总装完成后，满足产品在功能、技术指标和经济指标等方面的要求。

③ 遵守总装的顺序要求，注意前后工序的衔接。

④ 总装过程中，不损伤元器件和零部件，避免碰伤机壳、元器件和零部件的表面涂覆层。

4）总装的质量检查

电子整机总装完成后，按配套的工艺和技术文件的要求进行质量检查。总装的质量检查要坚持自检、互检、专职检验的"三检"原则。通常，整机质量的检查包括以下几方面。

（1）外观检查：装配好的整机应该有可靠的总体结构和牢固的机箱外壳；整机表面无损伤，涂层无划痕、脱落，金属结构无开裂、脱焊现象，导线无损伤，元器件安装牢固且符合产品设计文件的规定；整机的活动部分活动自如。

（2）装连的正确性检查：装连的正确性检查主要是指对整机电气性能方面的检查。检查的内容包括：各装配件(如印制电路板、电气连接线)是否安装正确，是否符合电气原理图和连接图的要求，导电性能是否良好等。

（3）安全性检查：对电子产品的要求，除性能良好、使用方便、造型美观、结构轻巧、便于维修外，最重要的是安全可靠。一般来说，对电子产品的安全性检查有两个主要方面，即绝缘电阻和绝缘强度。

2．整机调试

整机调试是对装配技术的总检查，各种装配缺陷和错误都会在调试中暴露出来，装配质量越高，调试的直通率就越高。整机调试的过程包括：外观检查、结构调试、通电检查、整机统调、整机技术指标测试等。

1）调试前的准备工作

（1）调试场地的布置。调试场地要求布置整齐干净，并在地面铺上绝缘胶垫。设置屏蔽场地，避免调试过程中的高频高压电磁场干扰。

（2）调试仪器设备的准备。合理地选择测试仪器、仪表的种类，检查测试仪器、仪表是否正常工作，熟练掌握这些测试仪器仪表的性能和使用方法。收音机整机调试需要配置的仪器设备有音频信号源、高频信号源、示波器、失真度仪、晶体管毫伏表等。

（3）技术文件的准备。技术文件是产品调试的依据，调试前应准备好调试用的文件、图纸、技术说明书、测试卡、记录本等相关的技术文件。

（4）制订合理的调试方案。

2）调试步骤及要点

（1）外观检查。对于收音机而言，检查电路板、磁棒、喇叭及网罩、电池簧片、双联电容及调谐盘、音量电位器及转盘的安装是否到位、牢固和可靠。检查调谐盘及音量电位器转盘是否有卡死或调节不灵现象。

（2）结构调试。结构调试的主要目的是检查整机装配牢固可靠性及机械传动部分调节的灵活性和到位性。

（3）开口试听。开口试听就是打开收音机电源，开大音量，调节调谐盘，使收音机收到电台的信号，试听声音的大小和音质；通过试调调谐盘，检查收音机能接收到哪些电台等。

（4）中频复调。电路基板装配和调试中，中频虽已调整合格，但总装后因电路板与喇叭、电源及各引线的相对位置可能同基板调试时有所不同，造成中频发生变化，所以要对整机进行中频复调，以保证中频处于最佳状态。

（5）外差跟踪统调。外差跟踪统调就是调节本振回路和输入回路，使本振回路的频率在设计的接收频率范围内始终比输入回路频率高465kHz（固定的中频）。

（6）整机技术指标测试。按照整机技术指标要求及相应的测试方法，对已调整好的整机进行技术指标测试，判断其是否达到质量要求的技术水平，并做好测试数据记录，分析测试结果。

3）整机调试过程中的故障特点及处理步骤

电子产品调试过程中经常会遇到调试失败的情况。因此整机调试过程中，对电子整机进行故障查找、分析和处理是不可缺少的环节。

（1）常见故障特点和故障现象。

① 焊接故障，如漏焊、虚焊、错焊、桥接等故障现象，造成整机性能达不到技术指标，或信号时有时无、接触不良。

② 装配故障，如机械安装位置不当、错位、卡死、电气连线错误、遗漏、断线等，造成调节不方便，产品无法使用等。

③ 元器件安装错误，如电解电容、二极管极性安装错误。

④ 元器件失效，如集成电路损坏、晶体管击穿或元器件参数达不到要求等。

⑤ 连接导线的故障，如导线错焊、漏焊、烫伤或多股芯线部分折断等。

（2）故障处理一般步骤。故障处理一般可以分为以下4个步骤。

① 观察故障现象。先对被检查电路表面状况进行观察，从而发现问题，找到故障点。

② 测试分析与判断故障。许多故障点的表面现象下面可能隐藏着深一层的原因，必须根据故障现象，结合电路原理进行仔细分析和测试再分析，找出故障的根本原因和真正的故障点。

③ 排除故障。故障的根源和真正的部位找到后，应根据故障原因，采用适当的方法进行故障排除，如补焊不良焊点、更换已坏元器件、调整电路参数等。排除故障时，要细心、耐心。

④ 电路功能和性能检验。故障排除后，一定要对电路各项功能和性能指标进行全部检验。

4）超外差收音机故障检修方法

（1）信号注入法：收音机是一个信号接收、处理及放大系统，通过注入信号可以判断故障位置。用万用表"R×10"挡，红表笔接电池负极，黑表笔触碰放大器输入端，此时扬声器可听到"咯咯"声。然后用手握螺丝刀金属部分去碰放大器输入端，听到听到扬声器发出的声音，但响应信号微弱，不经晶体管放大则听不到声音。

（2）点位测量法：用万用表检测各级放大管的工作电压，可具体判定造成故障的元器件。

（3）测量整机静态总电流法：将万用表调节到 250mA 直流电流挡，两表笔跨接于电源开关的两端，此时开关置于断开位置，可测量整机的总电流。S66E 六管超外差收音机的正常总电流约为 $10\pm2mA$。

4.2.2 相应技能训练

1．材料准备

S66E 六管超外差收音机套件。

2．使用的设备工具

万用表、电烙铁、焊锡丝、无感螺丝刀、一字和十字螺丝刀、尖嘴钳、斜口钳。

3．任务内容

S66E 六管超外差收音机印制电路板的总装及统调。

4．动手做做看

1）S66E 六管超外差收音机的总装

（1）天线组装的安装。

（2）电源连接线的连接与安装。

（3）调试盘与音量调节器的安装。

（4）扬声器与成品电路板的安装。

（5）成品电路板与附件的连接。

（6）整机检查。

2）S66E 六管超外差收音机的调试

（1）外观检查及结构调试。

（2）开口试听。

（3）外差跟踪统调。

① 低端频率刻度校准统调。

② 中端频率刻度校准统调。

③ 高端频率刻度校准检查。

④ 低端频率补偿调整。

⑤ 高端频率补偿调整。

⑥ 跟踪点检查。

3）S66E 六管超外差收音机的故障分析与排除

（1）对收音机常见故障进行分析。

（2）对无声故障进行故障排除。

（3）对无台故障进行故障排除。

4.2.3 评价标准

评价标准见表 4-2。

10

表4-2　评价标准表

班级		学号		姓名		成绩		
考核点	观察点	分值		要求		自评	小组评价	教师评价
工作态度和团队精神（20％）	考勤	5		无旷课、迟到、早退现象				
	学习，工作态度	5		学习积极性高，有严谨的工作作风和敬业精神，质量意识强				
	团队协作精神	5		具有良好的团队精神，能主动与人合作、参与团队工作，与人交流和协商				
	5S纪律	5		工具、仪器、材料做到定位放置，安全、文明操作，现场整洁卫生，做到及时清理、清扫				
机板装配，检测（60％）	整机总装	20		总装工序安排合理，工艺符合规范				
	整机调试	20		了解整机调试的意义，能正确进行整机调试				
	整机故障排除	20		了解故障排除的常用方法，并能采取相应的方法进行故障排除				
总结与反思（20％）	总结和答辩	20		能及时对学习过程进行总结与反思，能正确回答同学、老师提出的问题				
合计								

4.3 任务三　整机检验

整机检验是电子产品生产的最后一道工艺。整机的检验包括外观检验、性能检验。

4.3.1　相关知识

1.整机检验的基本知识

1）整机检验的项目

电子产品的检验项目包括性能、可靠性、安全性、适应性、经济性和时间性。

（1）性能。性能指产品满足使用项目的所具备的技术特性，包括产品的使用性能、机械性能、理化性能、外观要求等。

（2）可靠性。可靠性指产品在规定的时间内和规定的条件下完成工作任务的性能，包括产品的平均寿命、失效率、平均维修时间间隔等。

（3）安全性。安全性指产品在操作、使用过程中保证安全的程度。

（4）适应性。适应性指产品对自然环境条件表现出来的适应能力，如对温度、湿度、酸碱度等的适应性。

（5）经济性。经济性指产品的成本和维持正常工作的消耗费用等。

（6）时间性。时间性指产品进入市场的适应性和售后及时提供技术支持和维修服务等。

2）整机检验的依据

在检验过程中必须具备用于符合性比较的标准文本文件，如标准、规定、要求等。

检验的依据是标准和设计文件。

国家标准是基础标准，其他标准不能低于国家标准。产品设计、合同附件、用户协议、产品图纸、资料、技术文件等，也可以作为有效的产品检验依据。

3）整机检验流程

整机检验是产品经过总装、调试合格后，检查产品是否达到预定的功能要求和技术指标。整机检验主要包括直观检验、功能检验和主要性能指标测试等内容。

（1）直观检验。指用视查法对整机的外观、包装、附件等进行检验的过程。

① 外观：要求外观无损伤、无污染、标签清晰，机械装配符合技术要求。

② 包装：要求包装无损伤、无污染、各标志清晰完好。

③ 附件：要求附件齐全、完好且符合要求。

（2）功能检验。指对产品设计所要求的各项功能进行检查。不同的产品有不同的检验内容和要求。

（3）主要性能指标测试。指通过使用符合规定精度的仪器和设备，查看产品的技术指标，判断产品是否达到国家或行业标准。现行国家标准规定了各种电子产品的基本参数及测量方法，检验中一般只对其主要性能指标进行测试。

2. 收音机整机全性能测试

一台收音机装配调试完毕之后，还要对它的各项性能参数进行测量，才能定量地评价其质量如何。这些变量应该在规定的测量条件下，使用符合计量标准的仪器、仪表进行，测出的参数应是统一标准的、经得起检验的。晶体管收音机有不同的等级，其指标要求也不相同。例如本项目组装的 S66E 超外差式收音机需要进行下列项目的电参数测量。

中频频率：(465 ± 4)kHz。

频率范围：$523\sim1620$kHz。

灵敏度：26dB（600kHz、1000kHz、1400kHz），优于 4.5mV/m。

单性能选择性：优于 12dB。

最大有用功率：90mW。

1）中频频率

用高频信号发生器从天线输入频率 465kHz、调制度为 30%、调制频率 1000Hz 的高频调制信号，收音机调台指针调在波段频率最低位置，音量放在最大位置。调节高频信号强度，使收音机输出音频信号功率不大于失真功率标称值 90mW。再细调高频信号发生器的频率，当收音机输出电压表指示最大时，高频信号发生器所指示的频率即为被调收音机的中频频率。本收音机指标要求为 (465 ± 4)kHz 之内。

2）频率范围

将收音机音量置于最大，用高频信号发生器从天线输入调制度为 30%、调制频率 1000Hz 的高频调制信号，调节高频信号的幅度和频率，使收音机输出音频信号功率不大于不失真功率标称值 90mW。当收音机指针先后位于波段最低端和最高端时，高频信号发生器相对的频率即为频率范围。本收音机指标要求频率范围 523～1620kHz。

3）噪声灵敏度

此项电参数是要保证收音机广播信号场强在 4.5mV/m 的情况下，收音机输出的有用信号电压与噪声电压之比大于 20。高频信号发生器输出电压为 900mV、频率为 1000kHz、调制度为 30%、调制频率 1000Hz 的信号，经单圈环形天线送至被调收音机（环形天线距离收音机磁棒天线的中心 60cm，并在其侧面），根据等效场强公式：$E=U/20$，此时被测收音机磁棒天线处的等效场强即为 4.5mV/m。将收音机调台指针置于 1000kHz 处，微调高频信号发生器输出信号频率，使收音机输出电压最大，然后降低收音机音量，使输出电压为 0.3V（这是为了使收音机达到标准测量功率的条件……便携式收音机为 10mV 即 8Ω 负载输出电压约为 0.3V），接着去掉调制信号，此时输出电压急剧下降，若电压表指示至小于 15mV，则收音机的噪声灵敏度达到了指标要求。600kHz 灵敏度按上面方法检查即可。

4）单信号选择性

收音机的选择性用输入信号失谐±10kHz 时灵敏度的降落程度来衡量。假如收音机调谐时的灵敏度为 E_1，失谐 10kHz 时灵敏度为 E_2，则选择性为 20lg E_2/E_1(dB)。单信号选择性的测量方法与灵敏度测量相同：将收音机调台指针调至 1000kHz，高频率信号发生器输出信号同测灵敏度时一样，使收音机输出电压达到 0.3V，然后增大高频信号电压到 360mV，此时收音机输出电压急剧增大。接着将高频信号发生器频率增加 10kHz，即调到 1010kHz，此时若收音机输出电压小于 0.3V，则表明收音机失谐＋10kHz 处的选择性大于 12dB。失谐－10kHz 处的选择性可用同样方法检查。

5）最大有用功率

最大有用功率也称最大不失真功率，是收音机失真度为 10% 时的输出功率。从收音机天线输入频率为 1000 kHz、场强为 10mV/m、调制度为 60%、调制频率为 1000Hz 的高频信号，用失真度仪测量收音机负载上电压的谐波失真度，同时调节收音机音量控制器，当失真度等于 10% 时，测出收音机的输出电压，即可算出最大有用功率。

收音机性能指标参数测量还有其他项目，可参阅有关书籍，此处不详述。除了电参数测量外，还要进行目测和试听可靠性测试，才能包装入库。

4.3.2 相应技能训练

1. 材料准备

S66EZX-921 超外差收音机套件。

2．使用的设备工具

万用表、扫频仪、信号发生器。

3．任务内容

S66EZX－921超外差收音机的整机检验。

4．动手做做看

（1）外观检查。

（2）功能检验。

（3）主要性能指标测试。

4.3.3　评价标准

评价标准见表4－3。

表4－3　评价所标准表

班级		学号		姓名		成绩		
考核点	观察点	分值	要求			自评	小组评价	教师评价
工作态度和团队精神（20%）	考勤	5	无旷课、迟到、早退现象					
	学习、工作态度	5	学习积极性高，有严谨的工作作风和敬业精神，质量意识强					
	团队协作精神	5	具有良好的团队精神，能主动与人合作、参与团队工作，与人交流和协商					
	5S纪律	5	工具、仪器、材料做到定位放置，安全、文明操作，现场整洁卫生，做到及时清理、清扫					
机板装配，检测（60%）	整机总装	20	总装工序安排合理，工艺符合规范					
	整机调试	20	了解整机调试的意义，能正确进行整机调试					
	整机故障排除	20	了解故障排除的常用方法，并能采取相应的方法进行故障排除					
总结与反思（20%）	总结和答辩	20	能及时对学习过程进行总结与反思，能正确回答同学、老师提出的问题					
合计								

思考与练习

1. 装配工艺大致可分为哪几个阶段？

2. 简述手工装配印制电路板的流程。

3. 什么是电子产品的总装？

4. 总装的基本要求和基本原则有哪些？

5. 总装的质量检查应坚持哪"三检"原则？应从哪几方面检查总装的质量？

6. 电子整机组装完成后，为什么还要进行必要的调试？

7. 调试的目的是什么？

8. 通电调试包括哪几方面？按什么顺序进行调试？

9. 简述整机调试的一般流程。

10. 什么是静态调试？什么是动态调试？各包括哪些调试项目？静态调试与动态调试的作用是什么？它们之间的关系如何？

11. 测试频率特性的常用方法有哪几种？各有何特点？

12. 超外差收音机一般要进行哪几项调试？

13. 收音机的动态调试主要有哪几项？

14. 收音机的三点统调包括哪两个方面？是指哪三点？分别需要调节的元件有哪些？

15. 收音机的统调方法有哪几种？统调过程中，为什么要进行反复调节？

16. 简述整机调试过程中的故障特点及主要故障现象。

17. 简述整机调试过程中的故障处理步骤。

18. 电子产品故障的查找常采用什么方法？

19. 静态观察法和动态观察法所观察的内容有哪些？

20. 信号注入法与信号寻迹法最大的区别是什么？适用场合有何不同？

21. 替换法有哪3种方式？计算机的硬件检修常采用哪种方式？

22. 调试工作中应特别注意的安全措施有哪些？

23. 为什么说"断开电源开关不等于断电"？"不通电不等于不带电"？

24. 简述收音机"完全无声"故障的检修方法和步骤。

25. 简述超外差收音机的本机振荡电路是否起振的判别方法。当本振停振后，收音机将出现的故障现象是什么？

26. 为什么要进行产品检验？产品检验的"三检原则"是什么？

27. 什么是全检和抽检？举例说明什么情况下需要全检？什么情况下可以采用抽检？

28. 电子整机产品采防护措施的目的是什么？

29. 影响电子产品使用寿命的因素有哪些？

模块五

电子产品生产组织与管理

本模块的技能目标和相关知识见表5-1。

表5-1 技能目标和相关知识

技能目标	相关知识
(1) 能编写电子元器件来料检验作业指导书;	(1) 电子产品技术文件的组成和标准化的要求;
(2) 能编制装配作业指导书,并能记录生产过程;	(2) 工艺文件的格式和分类;
(3) 能设计装配工艺流程;	(3) 电子产品来料检验作业指导书的编制方法;
(4) 能进行工时定额计算;	(4) 准备工艺规程的编制方法;
(5) 掌握国家电子产品生产有关的专业术语和质量检验标准	(5) 装配工艺(插件工艺、总装工艺、调试和检验工艺)规程的编制方法

5.1 任务一 电子元器件来料检验作业指导书的编制

5.1.1 相关知识

在批量电子产品生产中,只有做好电子元器件来料检验,保证元器件的质量符合要求,才能保证产品组装的顺利完成,而指导员工进行来料检验的操作规范是检验作业指导书。

1. 电子元器件来料检验流程

1) 来料检验(IQC)岗位职责

(1) 对来料根据规范要求进行检测。

(2) 对来料的异常情况进行记录,并按作业流程反馈给其他部门。

(3) 对定制料进行品质监督和检查,与供应商、品质部门协调沟通物料的品质要求。

(4) 跟踪来料不良的退货并与供应商、品质部门沟通,督促供应商退换与改进。

2) 来料检验(IQC)岗位任职要求

(1) 熟悉IQC检验的运作流程,并具有一定的异常判断能力。

(2) 熟悉Office软件操作,能运用常用的一些检测仪器和工具。

(3) 能进行常见不良现象的判定,熟悉抽样检验方法及抽样方案标准。

(4) 具有强烈的品质意识。

(5) 具有良好的沟通和协调能力,有良好的语言表达能力。

(6) 工作认真负责,能吃苦耐劳,具有一定的责任感。

2. 电子元器件来料检验设计的部门、职责与流程

来料检验设计的部门有供应商、采购部、仓储部、IQC、生产部,每个部门的职责与流程如图所示。

電子产品生产工艺与管理

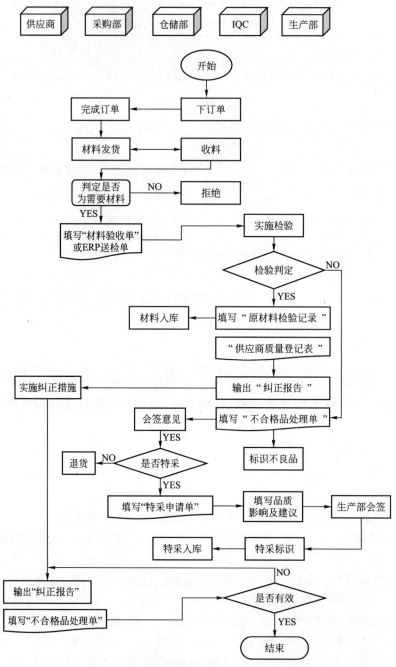

图 5.1 来料检验设计的部门、职责与流程

3. 元器件来料检验作业指导编制方法

1）检验作业指导书

检验作业指导书是产品标准和产品技术条件在某些重要检验环节的细节化，是指导检验人员开展检验工作的文件。在产品生产过程中，并不是所有活动都要编制检验作业指导书，但如果没有作业指导可能影响检验工作的质量时，则必须编制作业指导书，以下情况

136

应编制作业指导书：对工序质量控制计划中设置了工序质量控制点的质量特性的检验；对关键的重要零件的检验；新产品特有的检验活动。

2）检验作业指导书的格式和内容

检验作业指导书没有固定的格式，较多采用表格或流程图形式，也可采用图文并茂的形式，为了管理的规范化，企业可根据需要自行确定几种格式。

检验作业指导书的内容如下。

（1）检验对象。受检物的名称、图号，必要时还须说明其在检验流程上的位置（编号）。

（2）质量特性。规定的检验项目，须鉴别的质量特性、规范要求、质量特性的重要性级别，所涉及的质量缺陷严重性级别。

（3）检验方法。包括检验基准、检测程序与方法、检测中的有关计算方法、检测频次、抽样检验的有关规定及数据。

（4）检测手段。检测使用的工具、设备（装备）及计量器具，这些器物应处的状态，使用中必须指明注意事项。

（5）检验判断。正确指明对判断标准的理解，判断比较的方法、判定的原则与注意事项、不合格的处理程序和权限。

（6）记录和报告。指明需要记录的事项、方法和记录表格，规定要求报告的内容、方式、程序与时间要求。

（7）其他。对于复杂的检验项目，检验作业指导书应给出必要的示意图表及提供有关的说明资料。

3）制定来料检验作业指导书

（1）确定取样方法或抽样方案。

① 对于原材料等类产品，明确规定取样方法，以保证样品有代表性。

② 对于零件或整体产品（如电容、继电器等），应明确随机抽样要求，选择适当的抽样检查标准（如 GB 2828）并规定抽样方案（或明确实施全检或免检）。

③ 明确抽样标准及 AQL 值。

（2）检验项目。检验项目一般包括下列项目中的一种或几种。

① 外观检验，如颜色、划伤、毛边等。

② 尺寸检验，如长度、厚度、孔径等。

③ 功能检验。

④ 物理特性检验，如标贴的黏着力、硬度、光照度等。

⑤ 化学特性检验，如化学成分检验。

⑥ 电气特性检验，如输入电压等。

⑦ 机械特性检验，如平衡度等。

（3）检验方法。在检验和实验方法中，应明确规定如何实施检测，包括以下内容。

① 检验部位。

② 测量点数。

③ 检测的方向。

④ 直接测量和间接测量。

（4）装备。对检测中所需要的测试设备、仪表、量具、工装均应做出适当选择，以满足检测要求。

（5）环境要求。对所需控制的检测环境提出明确的要求。

（6）数据处理规则。对于已测出的原始数据，应明确其处理规则，如规定取最大值、最小值、平均值或用某种规则计算。

（7）合格判定准则。必须详细规定合格判定的依据。必须确保供应商出货检验标准与本公司 IQC 检验标准的一致性，尤其是外观标准。

（8）检验和试验记录。应明确规定对检验和试验活动必须留下的原始数据记录。对所留记录中的数据数量、实际取值范围、计量还是计数等均应从实际出发，予以明确规定。

4）来料检验作业指导书编制举例

【例】电阻检验作业指导书

电阻检验规范

1. 目的：本检验规范的目的是保证电阻类元器件的质量发和要求。

2. 适用范围：本检验规范适用于无特使要求的贴片电阻、接插电阻检验。

3. 抽样方案：

3.1 进货抽验标准依据：一般依 GB/T 2828 Ⅱ 正常一次抽样计划。

3.2 抽样方法：一般采用随机抽样。

3.3 接收品质水准 AQL 值：CRI＝0，MAJ＝0.4，MIN＝0.6。

3.4 抽验结果判定类别：允收、拒收、特采、挑选、退货。

4. 缺陷定义：

4.1 严重缺陷：使产品在生产、运输后使用过程中可能出现危及人身财产安全的缺陷，称为严重缺陷。

4.2 主要缺陷：使产品市区全部或部分主要功能，或者相对严重影响的结构装配的不良，从而显著降低产品使用性的缺陷，称为主要缺陷。

4.3 次要缺陷：可以造成产品部分性能偏差或一般外观缺陷，虽不影响产品性能，但会使产品价值降低的缺陷，称为次要缺陷。

5. 检验依据：

5.1 合同书检验项目。

5.2 样品对照。

5.3 客户重点质量要求。

6. 检验条件：

6.1 在正常室内白色冷光荧光灯管的照明的条件（灯光强度 100～300lm）。

6.2 将待测元器件置于检验者面前，目距约 45～60cm。

6.3 以两种角度观察：正常方式，视线与待检件成 45°，以利光反射；垂直方式，视线与待检件垂直。

6.4 检验员应佩戴静电手套作业。

5）检验项目、标准、缺陷分类一览表

检验项目、标准、缺陷分类一览表见表 5－2。

表 5－2　检验项目、标准、缺陷分类

检验项目	检验内容	量具/仪器	结果判定	缺陷类别		
				CRI	MAJ	MIN
包装	标示	目视	外盒标示与实物不符不可接受		√	
	包装方式	目视	合同要求为编带包装,实际来料散装不可接收			√
外观	印字	目视/放大镜	来料印字模糊或色环模糊且不可识别不可接受			√
	本体完整性	目视	来料本体破损,有裂纹不可接收		√	
	本体颜色	目视	来料本体颜色与样品颜色色系不同不可接收			√
	焊脚	目视/放大镜	来料插件电阻有断脚、掉脚、引脚变形不可接收		√	
		目视/放大镜/小锡炉	来料焊脚(插件电阻)或焊锡端(贴片电阻)氧化、发黑且影响焊接不可接收		√	
	表面脏污	目视	来料表面有油污、脏污不可接收			√
	表面针孔、气孔	目视	在显微镜下观察外观漆面状况可透视至内层材质,通过表面坑洞可看到内层材质不可接收		√	
尺寸	本体长度	游标卡尺	超出合同规格范围不可接收		√	
	本体宽度	游标卡尺	超出合同规格范围不可接收		√	
	本体厚度	游标卡尺	超出合同规格范围不可接收		√	
	焊盘宽度	游标卡尺	超出合同规格范围不可接收		√	
	引脚直径	游标卡尺	超出合同规格范围不可接收		√	

（续）

检验项目	检验内容	量具/仪器	结果判定	缺陷类别		
				CRI	MAJ	MIN
功能	标称阻值	数字万用表或 LCR 数字电桥	阻值超出规格范围不可接收		√	
可靠性	可焊性	小锡炉	在锡炉温度为（235±5）℃、浸渍时间为 2～3s 时，如出现不吃锡及上锡面积小于 95％则不可接收		√	
	耐焊性	小锡炉	在锡炉温度为（260±5）℃、浸渍时间为 10s 时，如出现组件损伤及电性异常则不可接收		√	

6）备注/附录

（1）进货验收单。

（2）进货品质异常通知。

（3）MRB 报告。

5.1.2　相应技能训练

1. 材料准备

电子元器件的相关国家检验标准、电子元器件的主要参数测试检验方法。

2. 使用的设备工具

图书馆、上网计算机。

3. 任务内容

编写元器件来料检验作业指导书。

4. 动手做做看

（1）查阅常用电子元器件的相关国家检验标准，了解常用电子元器件的主要参数测试检验方法。同组同学讨论并确定每一种常用电子元器件的相关检验项目。

（2）以小组为单位完成电容、电感、二极管和晶体管、集成电路芯片、变压器等来料检验作业指导书的编写，要求同组同学格式一致。

（3）对其他小组的检验作业指导书进行审核，提出修改意见。

5.1.3　评价标准

评价标准见表 5-3。

表 5 - 3　评价标准表

班级		学号		姓名		成绩		
考核点	观察点	分值	要求		自评	小组评价	教师评价
工作态度和团队精神（20%）	考勤	5	无旷工、旷课、迟到、早退现象				
	学习工作态度	5	学习积极性高，虚心好学；有一丝不苟、严谨的工作作风和敬业精神，质量意识强				
	团队协作精神	5	服从小组工作安排，具有良好的团队合作精神，能主动与人合作、参与团队工作，与人交流和协商				
	5S 纪律	5	工具、仪器、材料做到定位放置，安全、文明操作，现场整洁卫生，做到及时清理、扫清				
检验文件编写（60%）	资料收集	10	能正确收集查阅相关资料				
	检验文件的编写	40	能根据来料检验作业指导书的编写要求，完成常用电子元器件来料检验作业指导书的编写，内容正确、符合文件规范性				
	检验文件的审核	10	认真审核和评价其他同学编写的检验作业指导书，提出改进意见				
总结与反思（20%）	总结与答辩	20	能及时对学习、工作过程进行总结与反思，能正确回答同学、老师提出的问题				
合计							

5.2 任务二　电子产品工艺文件格式与编制方法

工艺文件是企业组织生产、指导工人操作和作用于生产、工艺管理的等各种技术文件的总称，是企业组织生产、产品经济核算、质量控制和工人加工产品的技术依据。在本任务中主要学习工艺文件的格式与编制方法。

5.2.1　相关知识

1. 工艺文件的作用

1) 工艺文件的定义

按照一定的条件选择产品最合理的生产过程，将实现这个生产过程的程序、内容、方法、工具、设备、材料以及每一个环节应遵守的技术规程，用文字、图表的形式表示出来，称为工艺文件。其作用是用来指导产品生产过程的一切工艺活动，使之纳入规范有序的轨道。

2) 工艺文件的主要作用

(1) 组织生产，建立生产次序。

(2) 指导技术，保证产品质量。

(3) 编制生产计划，考核工时定额。

(4) 调整劳动组织，安排物资供应。

(5) 工具、工装和模具管理。

(6) 经济核算的依据。

(7) 执行工艺纪律的依据。

(8) 产品转厂生产时的交换资料。

(9) 各厂之间进行经验交流的依据。

工艺文件是带强制纪律性的文件，不允许用口头的形式来表达，必须采用规范的书面形式，而且任何人员都不得修改，包括各级领导，违反工艺文件的规定属于违纪行为。

2. 工艺文件的格式和编制方法

1) 工艺文件的格式和分类

(1) 工艺文件按的格式。文件的格式是为所表达的内容服务的，所以与产品的性质和制造方法密切相关，不同行业的工艺文件具有明显的差别。电子产品组装生产的工艺文件主要有以下 10 种格式：工艺文件封面、工艺文件目录、仪器仪明细表、材料消耗定额表、配套明细表、工艺过程表、元器件预成形卡片、导线和线扎加工说明、工艺简图、工艺更改单。

(2) 工艺文件分类。按用途分，工艺文件通常可以分为基本工艺文件、指导技术的工艺文件、统计汇编资料和管理工艺文件用的格式 4 类。

① 基本工艺文件：供企业组织生产和进行生产技术准备工作，是基本的技术工艺文件，它规定产品的生产条件、工艺路线工艺流程，工具设备，调试及检验仪器，工艺装配，工时定额。一切在生产过程中进行组织管理所需要的子资料都要从中取得有关数据。

② 指导技术的工艺文件：用于指导工人操作的技术文件，它规定产品和零件制造工艺过程和操作方法等，也称作业指导书，包括装联准备的工艺规程、装配工艺规程、调试工艺规程、检验工艺规程等。对于组装操作的作业指导书，一切生产人员必须严格遵照执行。

③ 统计汇编资料：为企业管理部门提供各种明细表，作为管理的工艺规划生产组织、编制生产计划、安排物资供应、进行经济核算的技术依据。主要包括专用工装、标准工

具、材料消耗定额、工时定额。

④ 管理工艺文件用的格式：包括工艺文件封面、工艺文件目录、工艺文件目录、工艺文件明细表、工艺文件更改通知单。

工艺规程按使用性质可分为以下 3 种：专用工艺规程，专为某产品或组装的某一工艺阶段编制的一种文件；通用工艺规程，几种结果和工艺性质相似的产品或组装所共用的工艺文件；标准工艺规程，某些工序的工艺方法经过长期生产考验已定型，并纳入标准的工艺文件。

2）工艺文件的成套性

电子工艺文件的编制不是随意的，应该根据产品的生产性质、生产类型、产品的复杂程度、重要程度、已生产产品的组织形式等具体情况，按照一定的规范和格式配套齐全，即应该保证工艺文件的成套性。

中华人民共和国电子行业标准 SJ/T 10324—1992 对工艺文件的成套性提出了明确的要求，分别规定了产品在设计定型、生产定型、样机试制和一次性生产时的工艺文件成套性标准。生产定型后，该产品即可转入正式大批量生产。因为工艺文件是企业组织生产、指导生产，进行工艺管理、经济核算和保证产品质量的主要技术依据，所以，工艺文件的成套性在产品生产定型时尤其应该重点审核。

通常整机类电子产品在生产定型时，至少应该具备以下几种工艺文件：工艺文件封面、工艺文件明细表、配装工艺过程卡片、自制工艺装备明细表、材料消耗定额汇总表。

3）工艺文件的标号

工艺文件的标号是指工艺文件的代号，简称"文件代号"。它由 3 部分组成，包括企业区分代号、该工艺文件编制的对象（设计文件）的十进制分类编号和工艺文件简号。例如 SJA 2.314.001 GZP。

第一部分是企业代号，由大写的汉语拼音字母组成，区分编制文件的单位，如 SJA 为上海电子计算机的代号。

第二部分是设计文件的十进制分类编号，前 4 位是特征标记，用 4 位十进制数字表示产品的级、类、型、种，在级的数字后有小数点；后 3 位是文件登记序号。由企业及时管理部门统一编排，前面的小数点与特征标记分开。

第三部分是工艺文件简号，由大写的汉英字母组成，用以区分编制同一产品的不同种类的工艺文件。上例中的 GZP 为装配工艺过程卡的简号。常用的工艺文件简号及字母含义见表 5-4。

表 5-4　常用的工艺文件简号及字母含义

序号	工艺文件	简号	字母含义
1	工艺文件目录	GML	工具录
2	工艺路线表	GLB	工路表
3	工艺过程卡	GGK	工过卡
4	元器件加工工艺表	GYB	工元表
5	导线及线扎加工表	GZB	工扎表
6	各类明细表	GMB	工明表

（续）

序号	工艺文件	简号	字母含义
7	装配工艺过程卡	GZP	工装配
8	工艺说明及简图	GSM	工说明
9	塑料压制件工艺卡	GSK	工塑卡
10	电镀级化学镀工艺卡	GDK	工镀卡
11	电话涂覆工艺卡	GTK	工涂卡
12	热处理工艺卡	GPK	工热卡
13	包装工艺卡	GBZ	工包装
14	调试工艺卡	GTS	工调试
15	检验规范	GJG	工检验
16	测试工艺	GCS	工测试

4）常见工艺文件简介

（1）工艺文件封面。工艺文件封面是工艺文件装订成册的封面。简单产品的工艺文件可按组成部分装订成若干册。

（2）工艺文件明细表。工艺文件明细表是工艺文件的目录，紧跟在工艺文件封面后。明细表中包含零部件整件图号，零部件名称，文件代号、文件名称，页码等。多册成套的工艺文件应该具备成套各行业文件的总目录和各分册的目录表。

（3）工艺流程图。工艺流程图是根据产品生产的顺序，用方框表示产品工艺流程的示意图。它是编制产品装配工艺过程卡的依据。

（4）装配工艺过程卡。装配工艺过程卡有成位工业指导书，是描述整机生产中各零部件、组件和整机装配工艺全过程的文件，是完成产品的部件、整机和机械性装配和电器连接装配的指导性工艺文件。

（5）工艺文件的说明图。工艺说明及简图用于编制在其他格式上难以表达清楚、总要的和复杂的工艺说明。它用简图、流程图、表格及文字形式进行说明。

（6）材料消耗工艺额定明细表。材料消耗工艺额定明细表是对产品生产消耗的材料进行成本核算的依据。

（7）元器件加工工艺表。为提高插装效率，对购进的元器件进行预处理加工。为完成预处理加工而编制的元器件加工总表，是电子元器件准备工艺的依据。

（8）导线及线扎加工表。导线及线扎加工表为整机产品、分机、部件等进行系统的内部电路连接提供种类相应的导线及线扎、排线等的材料和加工要求。

（9）检验卡。检验卡提供电子产品生产过程中所需的检验工序，它包括检验内容、检验方法、检验的技术要求及检验使用的仪器、设备等内容。

5）常用工艺文件格式模板

工艺文件封面见表5-5，工艺文件目录见表5-6，工艺过程卡片见表5-7，装配工艺过程卡片见表5-8，焊接工艺卡片见表5-9，调测工艺过程卡片见表5-10，工艺说明见表5-11。

表 5 - 5　工艺文件封面

工 艺 文 件（封面）

第（　）册
共（　）页
共（　）册

产品型号
产品名称
产品代号

旧底图总号	
底图总号	批　准 年　月　日
日期　　签名	厂(所)名

表 5 - 6　工艺文件目录表

	工艺文件目录		产品名称		页数	备注
			产品图号			
序号	整零件图号	整部件名称	文件代号	文件名称		
旧底图总号						
底图总号				拟制		
				审核		第　页
日期　　签名				标准化		
标记	数量	更改单号	签名	日期	批准	共　页

表 5 - 7   工艺过程卡片

产品型号				工艺过程卡片					代号			
									名称			
材料名称、牌号、规格		毛坯类型及尺寸				每（　）件净重						
		毛坯中零件数				每（　）件工艺定额						
发送单位	工序号	工序名称	工序（步）内容及要求	设备	工装名称及代号	同时零件加工数	同时操作人时数	工时	备注
旧底图总号				拟制								
				审核								
底图总号				会签								
				标准化								
日期	签名	标记	处数	分区	更改文件号	签名	日期		第　页	共　页	第　册

表 5 - 8　装配工艺过程卡片

产品型号									装配工艺过程卡片	代号		第 册
发送单位										名称		
	装入件及辅助材料	序号	代号	名称及规格	数量	序号	代号	名称及规格	数量		第 页	共 页
	工序号	工序名称	工序(步)内容及要求			设备及工装		同时操作人数	工时			
旧底图总号						代号	名称及规格					
底图总号												
	拟制											
	审核											
	会签											
	标准化											
日期	签名	标记	处数	分区	更改文件号	签名	日期					

表 5 - 9　焊接工艺卡片

产品型号								零、部件				焊接工艺卡片	代号				
发送单位								序号	代号	名称	材料	数量		名称			

工序号	焊接内容及技术要求	设备	工艺装备	电压或气压	电流或焊嘴号	焊条、焊丝、电极		焊剂	其他规范	工时
						型号	直径			

	旧底图总号				拟制				
	底图总号				审核			会签	标准化

标记	处数	分区	更改文件号	签名	日期			第　页　共　页
签名						日期		第　册

表 5 - 10　调测工艺过程卡片

产品型号									备注	
发送单位	序号	调测项目及技术要求	调测内容及方法							
					拟制				代号	
					审核					调测工艺过程卡片
					会签				名称	
旧底图总号					标准化					
底图总号						签名	日期		第　页　共　页　第　册	
日期	签名	标记	处数	分区	更改文件号					

表 5 – 11　工 艺 说 明

标记	处数	分区	更改文件号	签名	日期						代号				第	册
						拟制									共	页
						审核					名称				第	页
						会签										
签名						标准化					工艺说明					
日期																

产品型号

发送单位

旧底图总号

底图总号

6）编制工艺文件的原则和要求

（1）编制工艺文件的原则。编制工艺文件应在保证产品质量和有利于稳定生产的条件下，以最经济、最合理的工艺手段进行加工为原则。为此，要做到以下几点。

① 编制工艺文件，要根据产品批次的大小、技术指标的高低和复杂程度区别对待。对于一次性生产的产品，可根据具体情况编写临时工艺文件或参照借用同类产品的工艺文件。

② 编制工艺文件要考虑到车间的组织形式、工艺装备以及工人的技术水平等情况，必须保证编制的工艺文件切实可行。

③ 对于未定型的产品，可编写临时工艺文件或编写部分必要的工艺文件。

④ 工艺文件以图为主，力求做到容易认读、便于操作，必要时加注简要说明。

⑤ 凡属装调工应知应会的基本工艺规程内容，可不再编入工艺文件。

（2）编制工艺文件的要求。

① 工艺文件要有统一的格式、统一的幅面，图幅大小应符合有关标准，并应装订成册，配齐成套。

② 工艺文件所用产品名称、编号、图号、符号、材料和元器件代号等，应与设计文件一致。

③ 要严肃认真，一丝不苟，力求文件内容完整正确，表达简洁明了，条理清楚，用词规范严谨，并尽量采用视图加以表达。要做到不用口头解释，根据工艺规程就可正常地进行一切工艺活动。

④ 要体现质量第一的思想，对质量的关键部位及薄弱环节应加以说明。技术指标应前紧后松，有定量要求，无法定量的要以封样为准。

⑤ 编写工艺文件要执行审核、会签、批准手续。

5.2.2　相应技能训练

1. 材料准备

国家标准 SJ/T 10324—1992 工艺文件、SJ/T 10375—1993 工艺文件。

2. 使用的设备工具

上网计算机、参考书。

3. 任务内容

工艺文件的编写。

4. 动手做做看

1）解读国家标准 SJ/T 10324—1992 工艺文件的成套性、工艺文件格式和 SJ/T 10375—1993工艺文件格式的填写。

2）阐述工艺文件格式中每个栏目的填写。

5.2.3　评价标准

评价标准见表 5-12。

表 5 - 12 评价标准表

班级		学号		姓名		成绩			
考核点	观察点	分值	要求			自评	小组评价	教师评价
工作态度和团队精神(20%)	考勤	5	无旷课、迟到、早退现象					
	学习、工作态度	5	学习积极性高，有严谨的工作作风和敬业精神，质量意识强					
	团队协作精神	5	具有良好的团队精神，能主动与人合作、参与团队工作，与人交流和协商					
	5S纪律	5	工具、仪器、材料做到定位放置，安全、文明操作，现场整洁卫生，做到及时清理、清扫					
识图练习(60%)	元器件符号	20	认识原理图中的每个元器件符号					
	工作原理说明	40	能正确有条理地说明收音机的工作原理、信号流向、各元器件的作用，能顺利找出印制电路板图与原理图中元器件的对应关系					
总结与反思(20%)	总结和答辩	20	能及时对学习过程进行总结与反思，能正确回答同学、老师提出的问题					
合计								

思考与练习

1. 电子产品有何特点？
2. 电子产品生产有哪些要求？
3. 什么是标准化？标准和标准化之间有何关系？
4. 简述电子新产品的含义，如何开发新产品？
5. 新产品从研究到生产的整个过程可划分为哪几个阶段？
6. 技术文件有什么作用？按制造业中的技术来分，技术文件分为哪几种类型？
7. 什么是设计文件？有何作用？
8. 什么是工艺文件？有何作用？工艺文件和设计文件有何不同？
9. 什么是ISO 9000？它由哪几部分构成？各部分有何作用？
10. 建立和实施ISO 9000质量管理体系有何意义？
11. 什么是BG/T 19000？它与ISO 9000有何关系？

第二单元

电子产品自动焊接
生产工艺与生产管理

1. 实现方案和项目提出

近年来，表面安装技术已广泛应用于计算机、通信设备和音视频产品中。电子系统的微型化和集成化是当代技术革命的重要标志，也是未来发展的重要方向。掌握表面安装技术最基本的操作技艺，是跨入电子科技大厦的第一步。

本单元主要针对微型化电子产品生产企业在实际的 SMT 工艺生产过程中对技术工人、工艺员和品质管理员等岗位所从事的 SMT 电子元器件、识读 SMT 工艺文件、手工焊接SMT 线路板、SMT 自动贴片及自动焊接、检验电子产品质量等典型工作任务进行分析后，通过相应的 SMT 任务实验，掌握 SMT 的特点，熟悉 SMT 的基本工艺过程及掌握最基本的操作技艺。本单元要求的主要能力目标和知识目标见单元 2 表 1。

单元 2 表 1　本单元的主要的能力目标和知识目标

能力目标	知识目标
会使用常用 SMT 工具、仪器及设备对元器件进行质量检测	SMT 元器件(电阻、电容、电感、半导体器件、常用集成电路、开关件、接插件、半导体传感器等)的基本知识
正确选择 SMT 装接材料与装接工具	电子电路原理图、PCB 图、装配图识读知识
能正确识别 SMT 元器件的型号及参数，按照工艺要求进行手动刮锡、元器件贴片、焊接与缺陷修正操作	常用材料、工具的性能知识和手工焊接技术
能正确使用半自动、自动刮锡机、自动贴片机、波峰焊接机和再流焊接机完成刮锡、贴片、焊接补焊、装配等操作，会使用常用工具和仪器进行整机装配、调试和质量检验	刮锡机、自动贴片机、波峰焊接机和再流焊接机使用及焊接缺陷分析与检查
了解自动焊接生产工艺与生产管理	自动焊接生产工艺与生产管理基础知识及 SMT 工艺文件编制
能根据工作子任务的需要使用各种工具和媒体独立收集资料，并能针对子任务筛选有用信息；总装的顺序、基本要求及质量检查	

本单元内容是表面安装技术(Surface Mounting Technology，SMT)、自动焊接技术为主的电子产品生产工艺与生产管理，为了达到能力目标和知识目标，选取"表面贴片(SMD)FM 微型收音机""表面贴片(SMD)单片机魔术棒"两个实用项目为载体，通过整合序化教学内容，使"教、学、做"结合，理论与实践一体化。

2. 项目分析与实施思路

两个项目虽然都是采用 SMT，但侧重点各有不同。项目"表面贴片(SMD)FM 微型收音机"侧重于表面贴片(SMD)元件的型号及参数识别、手动刮锡、元器件贴片、焊接与缺陷修正等操作，"表面贴片(SMD)单片机魔术棒"则重于使用半自动、自动刮锡机、自动贴片机、波峰焊接机和再流焊接机完成自动刮锡、贴片、焊接等操作。具体实施可以根据课程总学时数进行取舍和调整。对两个项目的实施，通过两个模块来进行。每个项目由若干个任务组成，每个任务都安排了相关知识学习、相应能力训练及任务总结评价 3 部分内容。

模块六

SMT 元器件识别、检测与手工表面贴装工艺流程

6.1任务一　SMD个体的识别与检测及实际 SMT 电路板的 SMD 识别与检测

6.1.1　相关知识学习

表面贴装技术是目前电子组装行业里最流行的一种技术和工艺，是一种无须对印制板钻插装孔，直接将表面组装元器件贴、焊到印制板表面规定位置上的装联技术。

1. 表面贴装技术的特点

SMT 是从传统的穿孔插装技术(THT)发展起来的，但又区别于传统的 THT。采用 SMT 表面贴装技术组装的电子产品具有密度高、电子产品体积小、质量轻的特点，贴片元件的体积和重量只有传统插装元件的 1/10 左右。图 6.1 所示为表面组装元件(SMC)和一只蚂蚁和一根火柴尺寸大小的形象对比图。一般采用 SMT 之后，电子产品体积可缩小40%~60%，重量减轻 60%~80%。

图 6.1　表面组装元件(SMC)尺寸大小对比图

SMT 具体特点如下。
(1) 可靠性高、抗震能力强，焊点缺陷率低。
(2) 高频特性好，减少了电磁和射频干扰。
(3) 易于实现自动化，提高生产效率，成本降低达 30%~50%。
(4) 节省材料、能源、设备、人力、时间等。

2. SMT 元器件种类

在 SMT 生产过程中，工人们会接触到上百种的元器件，了解这些元器件对于在工作时不出错或少出错非常有用。随着 SMT 技术的普及，各种电子元器件几乎都有了 SMT 的封装。而目前使用最多的电子元器件为电阻(R)、电容(C)、二极管(D)、稳压二极管(ZD)、晶体管(Q)、压敏电阻(VR)、电感线圈(L)、变压器(T)、送话器(MIC)、受话器(RX)、集成电路(IC)、喇叭(SPK)、晶体振荡器(XL)等，而在 SMT 中可以把它分成如下种类。

电阻；电容；二极管；晶体管；排插；电感；集成块；按钮等。

下面分别予以介绍。

1）电阻

单位：$1\Omega=1\times10^{-3}k\Omega=1\times10^{-6}M\Omega$。

规格：主要是以元件的长和宽来定义的，有 1005（0402）、1608（0603）、2012（0805）3216(1206)等。

图 6.2 所示为表面组装元件（SMC）不同封装外形尺寸图。

电阻的封装形式通常可以有英制和公制两种标示方法，对比如下。

图 6.2　表面组装元件(SMC)不同封装外形尺寸

英制	公制
0402（40mil×20mil）	1005（1.0mm×0.5mm）
0603（60mil×30mil）	1608（1.6mm×0.8mm）
0805（80mil×50mil）	2012（2.0mm×1.2mm）
1206（120mil×60mil）	3216（3.2mm×1.6mm）
1210（120mil×100mil）	3225（3.2mm×2.5mm）
1812（180mil×120mil）	4532（4.5mm×3.2mm）

如 0805 表示 0.08(长)×0.05(宽)英寸。

1 英寸＝1000mil＝25.4mm。

（1）阻值的表示方法。

电阻器标称值的标注有 3 种方法。

① 直标法：在元件上直接标出电阻值、误差，一般用于矩形封装 SMT 电阻上。

例如：$2R2=2.2\Omega$，$1K5=1.5k\Omega$，$2M5=2.5M\Omega$，$103J=10\times10^3\Omega=10k\Omega$，$1002F=100\times10^2\Omega=10k\Omega$（F、J 指误差，F 指±1%精密电阻，J 为±5%的普通电阻，F 的性能比 J 的性能好）。

② 文字符号法：随着表面组装元件（SMC）封装尺寸越来越小，在表面标志文字符号越来越困难，因此文字符号法现在用得较少。

③ 色码法：它是用不同颜色代表数字，按一定的规律在元件体上分布的一种表示方法。一般用于圆柱形封装 SMT 电阻上。不同颜色代表数字规定与传统的 THT 电阻相同。

（2）常用 SMT 电阻介绍。

① 薄膜型电阻器：在基板上喷射一层镍铬合金而制成。图 6.3 所示为薄膜型电阻器外形图。

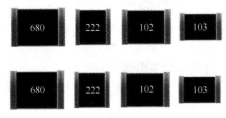

图 6.3　薄膜型电阻器外形图

优点：性能稳定、阻值精度高。

缺点：价格较为昂贵。

② 厚膜型电阻器：在高纯度的（96%）Al_2O_3 基板上印一层二氧化钌浆料，然后经烧结光刻而成。图 6.4 所示为厚膜型电阻器的结构图。

优点：性能相当优良，价格较为低廉。

缺点：稳定性、精度稍差。

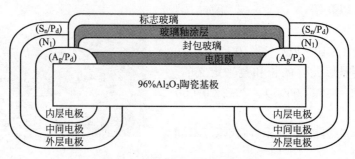

图 6.4　厚膜型电阻器的结构图

③ 圆柱形电阻器：金属电极无引脚端面元件，简称为 MELF 电阻器。

图 6.5 所示为圆柱形电阻器外形图，图 6.6 所示为圆柱形电阻器结构图。

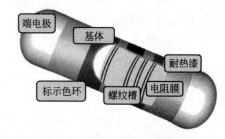

图 6.5　圆柱形电阻器外形图　　　　图 6.6　圆柱形电阻器结构图

圆柱形电阻器的电阻值一般采用色标法标注于圆柱体表面。

特点：装配密度高、噪声电平和三次谐波失真较低。

④ 小型扁平封装型电阻网络：将电阻制在氧化铝基板上经内部连接并与外引出端焊接模塑封装而成。图 6.7 所示为小型扁平封装型电阻网络外形图。

特点：耐湿性好、机械强度强。

⑤ 芯片功率型电阻网络：用氮化钽薄膜或厚膜制作而成的复合电阻器元件。图 6.8 所示为芯片功率型电阻网络外形图。

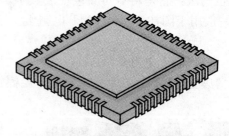

图 6.7　小型扁平封装型电阻网络外形图　　　图 6.8　芯片功率型电阻网络外形图

特点：网络的精度高、功率大，适于高速贴片，常用于功率电路。

⑥ 芯片载体型电阻网络：将电阻芯片贴于载体基板上，并通过塑料或陶瓷封装而成。图 6.9 所示为芯片载体型电阻网络外形图。

特点：精密度高，常用在复杂的电路中。

⑦ 芯片阵列型电阻网络：将电阻元件按阵列制作在氧化铝陶瓷基片上，并在基板两侧印烧电极而成。图 6.10 所示为芯片阵列型电阻网络外形图。

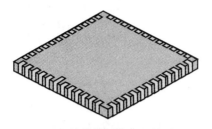

图 6.9　芯片载体型电阻网络外形图　　　图 6.10　芯片阵列型电阻网络外形图

特点：制造方便，价格低，常用在 CPU、端口电路的上拉电阻电路中。

⑧ 敞开式电位器：电位器正面的旋钮用来驱动可动节点，其位置的变化将使电流、电压随之变化。图 6.11 所示为敞开式电位器外形图。

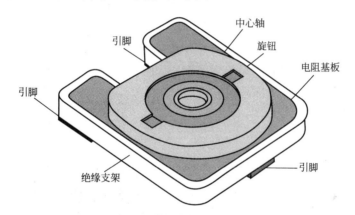

图 6.11　敞开式电位器外形图

特点：结构简单、价格低廉。

⑨ 密封式电位器：外部有保护膜或保护壳，可以有效地防止灰尘及潮气的侵入。图 6.12 所示为密封式电位器外形图。

图 6.12　密封式电位器外形图

2）SMT 电容

电容包括陶瓷电容——C/C、钽电容——T/C、电解电容——E/C。

单位：$1pF=1\times10^{-3}nF=1\times10^{-6}\mu F=1\times10^{-9}mF=1\times10^{-12}\mu F$。

规格：和 SMT 电阻类似，以元件的长和宽来定义，有 1005(0402)、1608(0603)、2012(0805)3216(1206)等。

（1）电容器参数的标注方法。

电容器的标注一般有直标法和数码法两种。

直标法就是将耐压及容值直接印在电容器上，一般适用于大体积的电容器，如电解电容。用直标法标注时，如果前几位是小数，且不带单位，则其单位一律是 μF，不用小数时单位是 pF。

数码法是用 3 位数字表示元件的标称值，一般适用于体积小的片式电容器，体现在型号上。从左到右前两位表示有效数，第三位为零的个数。当第三位为 9 时，表示 10 的一1次方，如 479 表示 4.7pF，104 表示 0.1μF。数码法标注不带单位时一律是 pF。

$103K=10\times10^3 pF=10nF$，$104Z=10\times10^4 pF=100nF$。

（2）常用 SMT 电容介绍。

① 多层片式瓷介电容器：通常是无引线矩形结构。

图 6.13 所示为多层片式瓷介电容器外形结构图。

② 钽电解片式电容器：简称为钽电容。

图 6.14 所示为钽电容外形图。

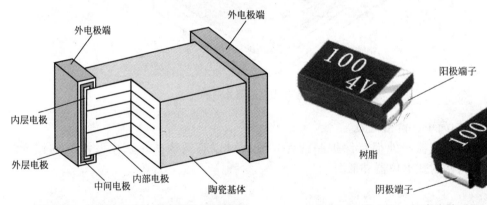

图 6.13 多层片式瓷介电容器外形结构图   图 6.14 钽电容外形图

注：钽电容是有方向的，有白色线条的端子表示"＋"极。

③ 铝电解片式电容器：将高纯度的铝箔经电解腐蚀成高倍率的附着面，然后在弱酸性溶液中进行阳极氧化，形成电介质薄膜。

图 6.15 所示为铝电解片式电容器外形图。

注：铝电解片式电容器是有方向的，有黑色半圆形的端子表示"一"极，而"＋"极有的还标有"＋"符号。

④ 有机薄膜片式电容器：以聚酯（PET）、聚丙烯（PP）薄膜作为电介质的一类电容器。

图 6.16 所示为有机薄膜片式电容器外形图。

图 6.15   铝电解片式电容器外形图   图 6.16   有机薄膜片式电容器外形图

⑤ 云母片式电容器：将银浆料印刷在云母片上，再经叠层、热压形成电容体并连接其两端的电极。

图 6.17 所示为云母片式电容器外形结构图。

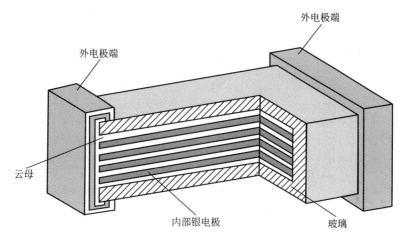

图 6.17   云母片式电容器外形结构图

3）电感

单位：$1H=10^3 mH=10^6 \mu H=10^9 nH$ 。

（1）表示形式。

R68J＝680nH，068J＝68nH，101J＝100μH，1R0＝1μH，150K＝15μH。

J、K 指误差，其精度值同电容。

（2）常见的几种电感介绍。

① 绕线型片式电感器：将特殊的线圈缠绕在高性能、小尺寸的磁芯上，再加上外电极并在外表面涂敷环氧树脂后用模塑壳体封装而成。图 6.18 所示为绕线型片式电感器外形结构图。

② 多层型片式电感器。

特点：可靠性高、抗干扰能力强、无引线，常应用在音响、汽车电子、通信等电路中。

图 6.19 所示为多层型片式电感器外形结构图。

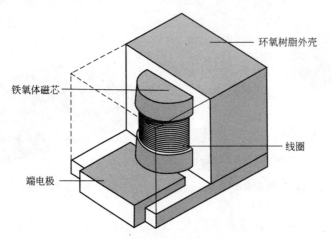

图 6.18　绕线型片式电感器外形结构图

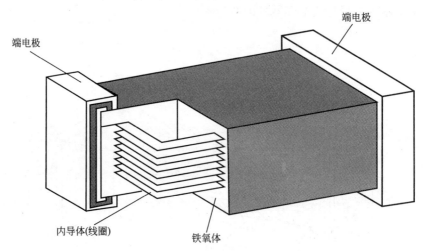

图 6.19　多层型片式电感器外形结构图

4）晶体元件

晶体元件可简单地分为二极管和晶体管。

（1）二极管。

二极管是一种非线性电子器件，流过它的电流随电压变化而变化，它的伏安特性不是一条直线，它具有正向导通反向截止的特性（有正负极之分）。

二极管的分类有以下几种。

① 普通二极管有：整流二极管、检波二极管、稳压二极管、开关二极管、恒流二极管。

② 特殊二极管：变容二极管、肖特基二极管、微波二极管。

③ 发光二极管：各种颜色的 LED。

（2）晶体管。

晶体管是一种半导体器件，有 3 个电极（引脚）：分别为 e 极（发射极）、b 极（基极）、c 极（集电极）。按晶体管的材料及工艺特性分为 PNP 晶体管及 NPN 晶体管。

晶体管最主要的特性就是线性放大作用，在电路中用作放大器，另外晶体管在一定的条件下还起开关作用。

场效应管也是一种晶体管，有 3 个或 4 个引脚，同样具有放大的特性。

小外形塑封晶体管有以下 4 种封装形式。

① SOT - 23 型。SOT - 23 型封装外形结构如图 6.20 所示。

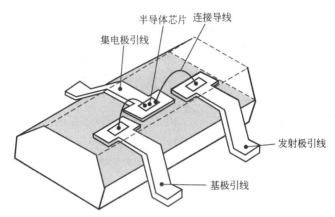

图 6.20　SOT - 23 型封装外形结构图

② SOT - 89 型。SOT - 型封装外形结构如图 6.21 所示。

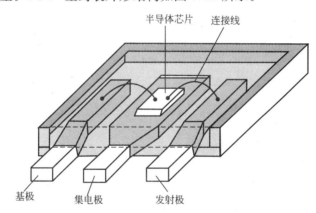

图 6.21　SOT - 89 型封装外形结构图

③ SOT - 143 型。SOT - 143 型封装外形结构如图 6.22 所示。

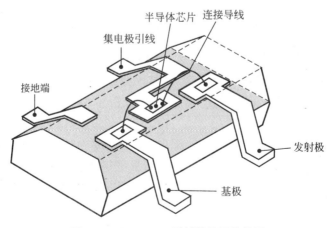

图 6.22　SOT - 143 型封装外形结构图

④ SOT-252型。SOT-252型封装外形结构如图6.23所示。

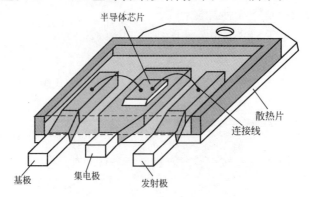

图 6.23　SOT-252 型封装外形结构图

5）集成电路

集成电路根据使用要求、场合、生产厂家不同，其封装方式有很多种。同型号的集成电路也有各种各样不同的封装。现介绍其常用的封装方式。

（1）小外形封装集成电路（SOP）。

它是由双列直插式封装（DIP）演变而来的，引脚排列在封装体的两侧，两边引脚呈 J 型外弯。

小外形封装集成电路外形如图 6.24 所示。

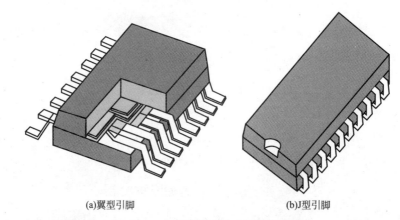

(a)翼型引脚　　　　　　　(b)J型引脚

图 6.24　小外形封装集成电路外形图

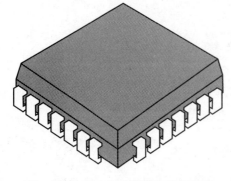

图 6.25　PLCC 封装集成电路外形图

（2）有引线塑封芯片载体（PLCC）。

有引线塑封芯片载体简称 PLCC，由双列直插式封装（DIP）演变而来，四面引脚内弯。

PLCC 封装集成电路外形如图 6.25 所示。

（3）方形扁平封装芯片载体（QFP）。

方形扁平封装芯片载体简称 QFP，它是一种塑封多引脚（以翼型结构为主）器件。QFP 封装的特点是四面引脚扁平呈 J 型外弯。

QFP 封装集成电路外形如图 6.26 所示。

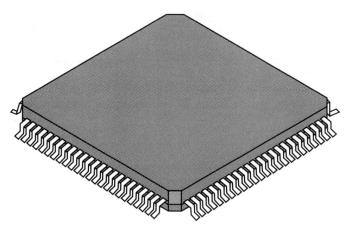

图 6.26　QFP 封装集成电路外形图

（4）陶瓷芯片载体（LCCC/LDCC）。

LCCC 外形封装的特点：带引脚的陶瓷片式
载体，与 CLCC 字母 C 形状一样，四面引脚
内弯。

陶瓷芯片封装集成电路外形如图 6.27 所示。

（5）塑料四周扁平无引线封装（PQFN）。

塑料四周扁平无引线封装简称 PQFN，电源
四方扁平无引线，常用于微处理器单元、门阵列
或存储器等器件。

PQFN 封装的特点：它类似于 LCCC，封装
体为无引脚设计，镀金电极位于塑封体侧面或
底部。

PQFN 封装集成电路外形如图 6.28 所示。

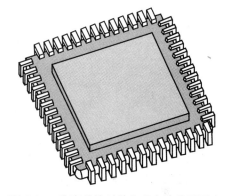

图 6.27　陶瓷芯片封装集成电路外形图

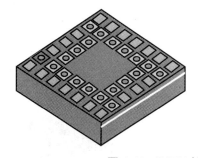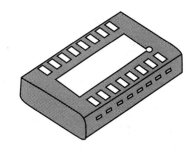

图 6.28　PQFN 封装集成电路外形图

（6）球栅阵列封装（BGA）。

球栅阵列封装简称 BGA，它是近年来发展起来的一种新型封装技术。它将集成电路
的引线从封装体的四周"扩展"到了整个平面，有效地避免了 QFP"引脚极限"（尺寸和
引脚间距限制了引脚数）的问题。

球栅阵列封装（BGA）集成电路外形如图 6.29 所示。

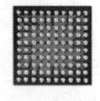

(a)部分分部   (b)完全分部

图 6.29　球栅阵列封装(BGA)集成电路外形图

　　球栅阵列封装(BGA)具有安装高度低、引脚间距大、引脚共面性好等显著优点，这些都大大改善了组装的工艺性，使其电气性能更加优越，特别适合在高频电路中使用，是多引脚大规模集成电路的主要封装方式 。

　　(7) 其他的贴片元件

　　除了以上五大类常用的贴片元件，还有很多其他常用的贴片元件。

图 6.30　片式表面波滤波器外形图

　　① 片式表面波滤波器：也称晶体滤波器，它是利用表面弹性波进行滤波的带通滤波器。

　　片式表面波滤波器外形如图 6.30 所示。

　　片式表面波滤波器具有集中带通滤波特性，适合批量生产。

　　② 片式谐振器(晶体振荡器)。片式谐振器结构如图 6.31 所示，外形如图 6.32 所示。

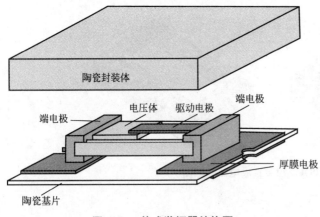

图 6.31　片式谐振器结构图

图 6.32　片式谐振器外形图

　　③ 片式磁芯。片式磁芯主要用于抑制同步信号中的高次谐波噪声，吸收数字电路中的噪声，减少数字信号的失真度。

片式磁芯外形结构如图 6.33 所示。

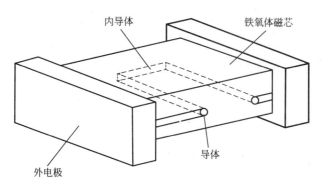

图 6.33 片式磁芯外形结构图

④ 片式轻触开关。片式轻触开关外形如图 6.34 所示。

图 6.34 片式轻触开关外形图

⑤ 片式滑杆开关。片式滑杆开关主要作为波段转换或电源通断的结构元件，常用在小型电视机、小型录像机等精密产品中。片式滑杆开关外形如图 6.35 所示。

图 6.35 片式滑杆开关外形图

⑥ 片式钮子开关。片式钮子开关具有接触可靠、稳定性好等特点。片式钮子开关外形如图 6.36 所示。

图 6.36 片式钮子开关外形图

6.1.2 相应技能训练

1. 材料准备

SMD 电阻、电容、二极管、晶体管、发光二极管、集成电路若干。

2. 使用的设备工具

带放大镜台灯、真空吸笔、万用表、镊子。实物如图 6.37 所示。

图 6.37 设备工具图

3. 任务内容

SMD 个体的识别与检测，实际 SMT 电路板的 SMD 识别与检测。

4. 动手做做看

（1）将给定的 SMD 元器件分辨出类别、封装方式、参数、极性，填入表 6-1。

表 6-1 SMD 识别与检测表

学号		班级		姓名	
SMD 组别	**序号**	**类别**	**封装方式**	**参数**	**引脚极性**
一	1				
	2				
	3				
	4				
二	1				
	2				
	3				
	4				

（续）

学号		班级		姓名	
SMD 组别	序号	类别	封装方式	参数	引脚极性
三	1				
	2				
	3				
	4				
四	1				
	2				
	3				
	4				
五	1				
	2				
	3				
	4				
六	1				
	2				
	3				
	4				
				时间	

（2）如图 6.38、图 6.39、图 6.40 所示实物 SMT 电路板，你能分辨出哪些是 SMD 电阻、SMD 电容、SMD 集成电路以及它们的封装方式吗？

图 6.38 实物 SMT 电路板图 1

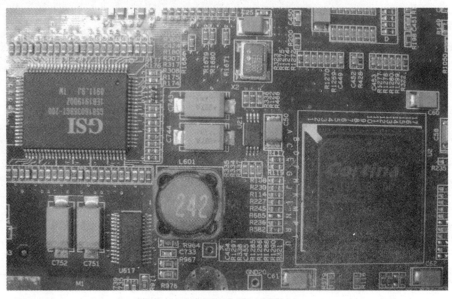

图 6.39　实物 SMT 电路板图 2

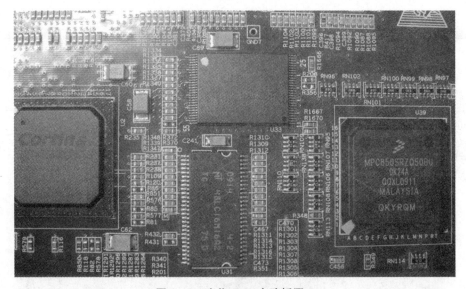

图 6.40　实物 SMT 电路板图 3

6.1.3　评价标准

　　本模块以 SMD 元器件和实际 SMT 电路板为载体，介绍了 SMD 元器件的分类、参数识别方法及其封装方式，两个任务的实践，使初学者能快速掌握 SMT 元器件的分类、参数识别检测及正确分辨对应的封装方式。

　　本模块的评价标准见表 6-2。

表6-2　SMT元器件识别与检测评分标准

任务一：SMT元器件识别与检测				组：	扣分记录	得分
模块	配分	考核要求	扣分标准		扣分记录	得分
SMD个体元器件	40分	（1）能正确分辨SMD元器件类别	（1）不能正确分辨SMD元器件类别，每处扣4分			
		（2）能正确分辨SMD元器件的参数	（2）不能正确分辨SMD元器件的参数，每处扣3分			
		（3）能正确测量SMD元器件的参数	（3）不能正确测量SMD元器件的参数，每处扣4分			
		（4）能正确分辨SMD元器件的封装方式	（4）不能正确分辨SMD元器件的封装方式，每处扣3分			
		（5）能正确分辨SMD元器件的极性	（5）不能正确分辨SMD元器件的极性，每处扣2分			
		（6）能正确使用工具	（6）不能正确使用工具，每处扣2分			
实物SMT电路板	40分	（1）能正确分辨SMD元器件类别	（1）不能正确分辨SMD元器件类别，每处扣4分			
		（2）能正确分辨SMD元器件的参数	（2）不能正确分辨SMD元器件的参数，每处扣3分			
		（3）能正确测量SMD元器件的参数	（3）不能正确测量SMD元器件的参数，每处扣4分			
		（4）能正确分辨SMD元器件的封装方式	（4）不能正确分辨SMD元器件的封装方式，每处扣3分			
		（5）能正确分辨SMD元器件的极性	（5）不能正确分辨SMD元器件的极性，每处扣2分			
		（6）能正确使用工具	（6）不能正确使用工具，每处扣2分			
安全、文明工作	20分	（1）不迟到、早退、旷课	（1）不遵守考勤制度，每次扣2~5分			
		（2）保持环境整洁，秩序井然，操作习惯良好	（2）现场不整洁、工作不文明、团队不协作，扣5分			
		（3）小组成员协作和谐，工作态度正确				
		（4）无人为损坏仪器、元件和设备	（3）人为损坏设备、元器件，扣10分			
总分：						

6.2 任务二　SMT 贴片收音机(FM)的焊接组装

6.2.1　相关知识学习

SMT 的组装方式及其工艺流程主要取决于表面组装组件(SMA)的类型、使用的元器件种类和组装设备条件。SMA 可分为单面混装、双面混装和全表面组装 3 种类型。

1. 手工表面贴装工艺(SMT)流程

在表面贴装工艺发展的初期，主要采用的是人工手动工艺，即使在自动表面贴装工艺高度发展的今天，在小规模的生产及产品的返修过程中，手工表面贴装仍然是非常重要的、不可缺少的一环。图 6.41 所示是典型的手工表面贴装工艺(SMT)流程。

手动焊膏印刷 → 手动贴装SMT元器件 → 手动/再流焊 → 检验 → 清洗 → 返修

图 6.41　手工表面贴装工艺(SMT)流程

2. 手工表面贴装设备介绍

1) 手工焊膏印刷台

手工焊膏印刷台是手动将焊锡膏均匀印刷到 PCB 相应位置的一种设备，如图 6.42 所示。

结构：印刷机主要由基板夹持机构(工作台)、机架、网板和刮板组件等部分组成。

原理：如图 6.43 所示，网板与 PCB 紧贴对准基点，在网板上涂上焊锡膏，刮板在网板上一定速度和角度向前移动，对焊膏产生一定的剪切力和压力，推动焊膏在刮板前滚动，产生将焊膏注入网孔所需的压力，网板与 PCB 分离之后在 PCB 焊盘上留下了焊锡膏，其过程与用蜡纸和油墨印刷试卷类似。

图 6.42　手动焊膏印刷台实物图

图 6.43　焊锡膏印刷原理图

(1) 焊锡膏简介。

焊锡膏是焊料粉末与糊状助焊剂组成的一种膏状焊料。焊料粉末是合金粉末，是焊膏的主要成分，约占焊膏的 90%，助焊剂主要是一些化学成分。焊料粉末的合金成分与配比以及颗粒尺寸的大小对焊接的特性和焊接质量有较大的影响；同时要求焊膏有足够的黏性，能粘住贴装在 PCB 上的 SMT 元器件，直至再流焊接完毕。焊锡膏的研制与制造非常复杂，涉及多门学科，如材料学、流体力学、金属冶炼学、有机化学、物理学等。

根据焊锡膏的合金成分及其配比，可将其分为高温焊料、低温焊料、有铅焊料、无铅焊料等。不同合金成分与配比的焊膏其稳定特性、性质及用途也不同。

涂敷焊膏的不同方法对焊膏黏度有不同的的要求，具体数据见表 6-3。

表 6-3　涂敷焊膏的不同方法对焊膏黏度的要求

涂敷焊膏的方法	丝网印刷	模板印刷		手工滴涂
焊膏黏度（Pa·s）	300～800	普通密度 SMD：500～900 高密度、窄间距 SMD：700～1300		150～300

（2）焊锡膏的保存与使用要求。

① 焊膏通常应该保存在 5～10℃ 的低温环境下，可以储存在电冰箱的冷藏室内。

② 一般应该在使用的前一天从冰箱中取出焊膏，至少要提前 2 小时取出来，待焊膏达到室温后，才能打开焊膏容器的盖子，以免焊膏在解冻过程中凝结水汽。假如有条件使用焊膏搅拌机，焊膏恢复到室温只需要 15 分钟。

③ 观察焊锡膏，如果表面变硬或有助焊剂析出，必须进行特殊处理，否则不能使用；如果焊锡膏的表面完好，则要用不锈钢棒搅拌均匀以后再使用。如果焊锡膏的黏度大而不能顺利通过印刷模板的网孔或定量滴涂分配器，应该适当加入稀释剂，充分搅拌稀释以后再用。

④ 使用时取出焊膏后，应该盖好容器盖，避免助焊剂挥发。

⑤ 涂敷焊膏和贴装元器件时，操作者应该戴手套，避免污染电路板。

⑥ 把焊膏涂敷在印制板上的关键是要保证焊膏能准确地涂覆到元器件的焊盘上。如涂敷不准确，必须擦洗掉焊膏再重新涂敷。擦洗免清洗焊膏不得使用酒精。

⑦ 印好焊膏的电路板要及时贴装元器件，尽量在 4 小时内完成回流焊。

⑧ 免清洗焊膏原则上不允许回收使用，如果印刷涂敷的间隔超过 1 小时，必须把焊膏从模板上取下来并存放到当天使用的焊膏容器里。

⑨ 回流焊的电路板，需要清洗的应该在当天完成清洗，防止焊锡膏的残留物对电路产生腐蚀。

（3）模板。模板又称为网板，是锡膏印刷的必备工具之一，通过模板将焊锡膏准确地、定量地漏印到 PCB 板上。

模板的外框一般用铸铝框架，中间是不锈钢板，在框架与金属板之间用丝网绷紧，保证了金属模板不但平整而且有弹性，在焊锡膏印刷时能与整个 PCB 表面紧贴。

图 6.44 所示为实际钢网模板图。

2）再流焊机

再流焊又称"回流焊"，是伴随微型化

图 6.44　钢网模板图

电子产品的出现而发展起来的焊接技术，主要应用于各类表面组装元器件的焊接。

它是提供一种加热环境，使预先分配到印制板焊盘上的膏状软钎焊料重新熔化，从而让表面贴装的元器件和 PCB 焊盘通过焊锡膏合金可靠地结合在一起的焊接技术。再流焊操作方法简单，效率高，质量好，一致性好，节省焊料，是一种适合自动化生产的电子产品装配技术，目前已成为 SMT 电路板组装技术的主流。

图 6.45　台式再流焊机实物图

（1）结构。

再流焊机主要由以下几大部分组成：加热系统、热风对流系统、传动系统、顶盖升起系统、冷却系统、氮气装备、助焊剂回收系统、控制系统等。

图 6.45 所示为台式再流焊机实物图。

（2）再流焊原理。

电路板由入口进入再流焊炉膛，到出口传出完成焊接，整个再流焊过程一般需经过预热、保温干燥、回流、冷却 4 个温度不同的阶段。要合理设置各温区的温度，使炉膛内的焊接对象在传输过程中所经历的温度按合理的曲线规律变化，这是保证再流焊质量的关键。

电路板通过再流焊机时，表面组装器件上某一点的温度随时间变化的曲线，称为温度曲线。再流焊原理温度参考曲线如图 6.46 所示。

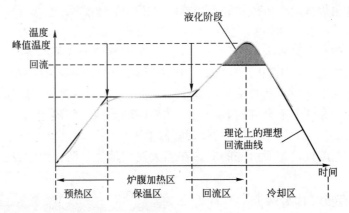

图 6.46　再流焊原理温度曲线

3）波峰焊机

波峰焊（Wave Soldering）是通孔插装技术中使用的传统焊接工艺技术，波峰焊适合于THT 和 SMT 混合组装的大规模生产，焊接效果好，工人操作要求低。

波峰焊利用焊锡槽内的机械式或电磁式离心泵，将熔融焊料压向喷嘴，形成一股向上平稳喷涌的焊料波峰，并源源不断地从喷嘴中溢出。装有元器件的印制电路板以直线平面运动的方式通过焊料波峰，在焊接面上形成浸润焊点而完成焊接。

波峰焊机的构造如图 6.47 所示，它是由助焊剂喷雾系统、预热系统、焊锡炉、冷却系统、印制板输送系统和显示控制系统组成。

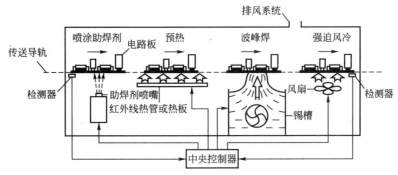

图 6.47　波峰焊机的构造图

印制板经波峰机焊接时首先要经过助焊剂喷雾系统，当传感器检测到印制板进入波峰机后，控制系统打开位于印制板下方的喷嘴，在压缩空气的推动下助焊剂经喷嘴喷出雾状液体助焊剂，喷嘴自动沿前进方向左右运动，使整块印制板都均匀地喷上助焊剂。

传输导轨将印制板继续往前送到预热区，预热区是由红外发热管或红外射灯组成的，预热温度由控制系统调整。印制板在预热区加热到 90～160℃，印制板上的助焊剂活性物质分解活化，与板上的氧化物和其他污染物反应生成残渣暂时附着在印制板上。预热区的长短和预热温度的高低对焊接效果都有影响。

经预热的印制板被传送导轨送到波峰炉，目前多数波峰机都采用双波峰，印制板先经较窄的紊乱波预焊以消除由于气泡遮蔽效应和阴影效应的影响，在经过宽平波峰的精焊而完成印制板的焊接。

冷却系统的作用是将已经焊接好的印制板用风扇快速降温使焊锡尽快冷却，以便进入下道工序。

控制系统的作用是对以上各部分进行控制调整。

4）热风枪

热风枪是手工焊接和修整 SMT 元器件的设备，主要由气泵、气流稳定器、线性电路板、手柄、外壳等基本组件构成。

图 6.48 所示为热风枪外形图。

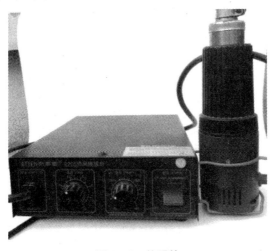

图 6.48　热风枪

6.2.2 相应技能训练

1. 材料准备

材料清单见表 6-4。

表 6-4 SMT 贴片收音机(FM) 材料清单

序号	名称	型号与规格	位号	数量	序号	名称	型号与规格	位号	数量
1	贴片集成块	SC1088	IC	1	26	贴片电容	104	C10	1
2	贴片晶体管	9014	V3	1	27	贴片电容	223	C11	1
3	贴片晶体管	9012	V4	1	28	贴片电容	104	C12	1
4	二极管	BB910	V1	1	29	贴片电容	471	C13	1
5	二极管	LED	V2	1	30	贴片电容	33	C14	1
6	磁珠电感	$4.7\mu H$	L1	1	31	贴片电容	82	C15	1
7	色环电感	$4.7\mu H$	L2	1	32	贴片电容	104	C16	1
8	空心电感	78nH 8 圈	L3	1	33	贴片电容	332	C17	1
9	空心电感	70nH 5 圈	L4	1	34	电解电容	$100\mu F$, $\phi6\times6$	C18	1
10	耳机	$32\Omega\times2$	EJ	1	35	插件电容	223	C19	1
11	贴片电阻	153	R1	1	36	导线	$\phi0.8mm\times6mm$		2
12	贴片电阻	154	R2	1	37	前盖			1
13	贴片电阻	122	R3	1	38	后盖			1
14	贴片电阻	562	R4	1	39	电位器钮	(内、外)		各1
15	插件电阻	681	R5	1	40	开关按钮	(有缺口)	SCAN 键	1
16	电位器	51k	RP	1	41	开关按钮	(无缺口)	REST 键	1
17	贴片电容	222	C1	1	42	挂钩			1
18	贴片电容	104	C2	1	43	电池片	正、负、连体片 (3 件)		各1
19	贴片电容	221	C3	1	44	印制板	55mm×25mm		1
20	贴片电容	331	C4	1	45	轻触开关	6×6 二脚	S1、S2	各2
21	贴片电容	221	C5	1	46	耳机插座	$\phi3.5$	XS	1
22	贴片电容	332	C6	1	47	电位器螺钉	M1.6×5		1
23	贴片电容	181	C7	1	48	自攻螺钉	M2×8		2
24	贴片电容	681	C8	1	49	自攻螺钉	M2×5		2
25	贴片电容	383	C9	1	50				

2. 使用设备工具

再流焊机、手动焊膏印刷台、热风枪、带放大镜台灯、真空吸笔、万用表、镊子。

3. 任务内容

按照说明书的要求完成 SMT 贴片收音机(FM)的焊接、组装、调试。

1) 工作原理

产品特点如下。

(1) 采用电调谐单片 FM 收音机集成电路，调谐方便准确。

(2) 接收频率为 87～108MHz。

(3) 外形小巧，便于随身携带。

(4) 电源范围大 1.8～3.5V，充电电池(1.2V)和一次性电池(1.5V)均可工作。

(5) 内设静噪电路，抑制调谐过程中的噪声。

SMT 贴片收音机(FM)的外形如图 6.49 所示。

电路原理分析：电路的核心是单片收音机集成电路 SC1088。它采用特殊的低中频(70kHz)技术，外围电路省去了中频变压器和陶瓷滤波器，使电路简单可靠，调试方便。SC1088 采用 SOT16 脚封装，表 6 - 5 是引脚功能，图 6.51 是电原理图。

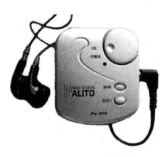

**图 6.49　SMT 贴片收音机
(FM)的外形图**

表 6 - 5　FM 收音机集成电路 SC1088 引脚功能表

引脚	1	2	3	4
功能	静噪输出	音频输出	AF 环路滤波	Vcc
引脚	5	6	7	8
功能	本振调谐回路	IF 反馈	1dB 放大器的低通电容器	IF 输出
引脚	9	10	11	12
功能	IF 输入	IF 限幅放大器的低通电容器	射频信号输入	射频信号输入
引脚	13	14	15	16
功能	限幅器失调电压电容	接地	全通滤波电容搜索调谐输入	调谐带 AFC 输出

FM 信号输入：FM 调频信号由耳机线馈入经 C14、C13、C15 和 L1 的输入电路进入 IC 的 11、12 脚混频电路。此处的 FM 信号为没有调谐的调频信号。

本振调谐电路：本振电路中关键元器件是变容二极管，它是利用 PN 结的结电容与偏压有关的特性制成的"可变电容"。

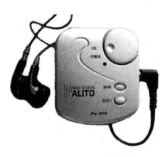

图 6.50　变容二极管 PN 极特性图

如图 6.50(a)所示，变容二极管加反向电压 U_d，其结电容 C_d 与 U_d 的特性如图 6.50 (b)所示，是非线性关系。这种电压控制的可变电容广泛用于电调谐、扫频等电路。

本电路中，控制变容二极管 V1 的电压由 IC 第 16 脚给出。当按下扫描开关 S1 时，IC 内部的 RS 触发器打开

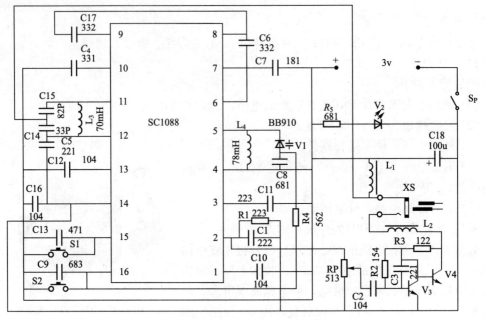

图 6.51　SMT 贴片收音机(FM)的电路原理图

恒流源，由 16 脚向电容 C9 充电，C9 两端电压不断上升，V1 电容量不断变化，由 V1、C8、L4 构成的本振电路的频率不断变化而进行调谐。当收到电台信号后，信号检测电路使 IC 内的 RS 触发器翻转，恒流源停止对 C9 充电，同时在 AFC(Automatic Freguency Control)电路作用下，锁住所接收的广播节目频率，从而可以稳定接收电台广播，直到再次按下 S1 开始新的搜索。当按下 Reset 开关 S2 时，电容 C9 放电，本振频率回到最低端。

2）安装流程（图 6.52）

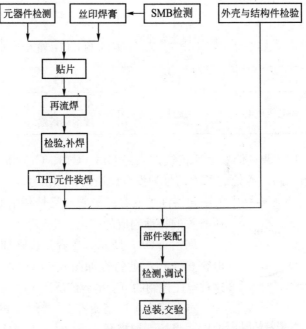

图 6.52　SMT 实习产品装配工艺流程

安装步骤及要求如下。

（1）技术准备。

① 了解 SMT 基本知识：SMC 及 SMD 特点及安装要求；SMB 设计及检验；SMT 工艺过程；再流焊工艺及设备。

② 实习产品简单原理。

③ 实习产品结构及安装要求。其中：SMB 为表面安装印制板；THT 为通孔安装；SMC 为表面安装元件；SMD 为表面安装器件。

（2）安装前检查。

① SMB 检查。对照图 6.53 检查：图形完整，有无短、断缺陷；孔位及尺寸；表面涂覆（阻焊层）。

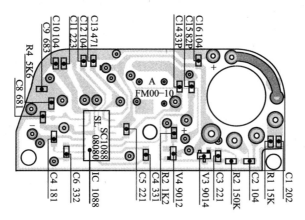

图 6.53　印制电路板 SMT 贴片安装图

② 外壳及结构件：按材料表清查零件品种规格及数量（表贴元器件除外）；检查外壳有无缺陷及外观损伤；耳机。

③ THT 元件检测：电位器阻值调节特性；LED、线圈、电解电容、插座、开关的好坏；判断变容二极管的好坏及极性。

（3）贴片及焊接。

参见图 6.54。

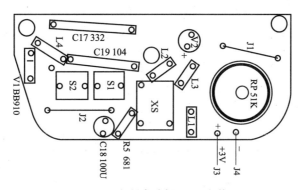

图 6.54　印制电路板 THT 安装图

丝印焊膏，并检查印刷情况。

按工序流程贴片：C1/R1，C2/R2，C3/V3，C4/V4，C5/R3，C6/SC1088，C7，C8/R4，C9，C10，C11，C12，C13，C14，C15，C16。

注意：①SMC和SMD不得用手拿；②用镊子夹持不可夹到引线上；③IC1088标记方向；④贴片电容表面没有标志，一定要保证准确及时贴到指定位置。

（4）检查贴片数量及位置。

（5）再流焊机焊接。

（6）检查焊接质量及修补。

4. 动手做做看

1）手动印刷焊膏的实际操作

手工印刷机是最简单而且最便宜的印刷系统，PCB放置及取出均需人工完成，其刮刀可用手把或附在机台上，印刷动作也由人工完成。

（1）单面贴装PCB手动印刷。

印刷前准备：将适合本批次生产要求的锡膏从冰箱里面取出，放置在指定的锡膏回温区域，室温在20～25℃时，放置时间不得少于2小时，以充分回温至室温温度，并在锡膏瓶上的状态标签纸上写明解冻时间，同时填好锡膏进出记录表。

找出该产品的网板，检查网板有无损伤，填写网板取用记录表。检查网板是否清洁，孔有无堵塞。如果有堵塞情况，用高压气枪、毛刷和酒精清洁干净。

根据生产计划单，清点PCB数量，检查PCB两面有无缺陷并记录。

（2）印刷调试。

固定网板：将网板固定在手动印刷机上，如图6.55所示。

将产品正反面贴上双面胶，反面贴的面积大一些，如图6.56所示。

图6.55 固定网板

图6.56 PCB贴双面胶

对位：将PCB板焊盘与网板对齐，使其粘在网板上，放下网板至印刷台面上，在网板正面轻压，使网板与PCB板分离，如图6.57所示。

固定PCB板，找出夹具固定PCB板的两边。

微调PCB板和印刷台面，使PCB板和网板完全重合，如图6.58所示。

印刷：将已回温的锡膏打开，手工搅拌4分钟左右，让焊膏的各种成分均匀分布且流动性良好，如图6.59所示。

搅拌效果的判定：用刮刀刮起部分锡膏，刮刀倾斜时，若锡膏能顺滑地滑落，即达到要求。

图 6.57　PCB板焊盘与网板对齐

图 6.58　微调PCB板和印刷台面

　　把搅拌均匀的焊膏放在模板的一端，尽量放均匀，注意不要加在开口里。焊膏量不要过多，操作过程中可以随时添加。再用刮刀从焊膏的前面向后均匀地刮动，刮刀角度为45°～60°为宜，如图 6.60 所示。

图 6.59　搅拌焊膏

图 6.60　刮焊膏

　　刮完后将多余的焊膏放回模板的前端。接着抬起模板，将印好焊膏的 PCB 取下来，检查印刷效果，根据印刷效果判断造成印刷缺陷的原因，再放上第二块 PCB 印刷，可根据上块的印刷结果适当调整刮刀的角度、压力和速度，直到满意为止。另外，在印刷时，要经常检查印刷质量。发现焊膏图形玷污或模板开口堵塞时，用无水乙醇、无尘纸或无尘布擦拭模板底面。

　　印刷完毕，用刮刀收回网板上的锡膏，如图 6.60 所示，装入锡膏筒内并盖好瓶盖放置于冰箱冷藏(0～5℃)。戴上橡胶手套，用酒精和无尘布清洁网板以及刮刀。

　　2) 设置回流焊机温度曲线

　　回流焊接是在 SMT 工业组装基板上形成焊接点的主要方法，在 SMT 工艺中回流焊接是核心工艺。因为表面组装 PCB 的设计、焊膏的印刷和元器件的贴装等产生的缺陷最终都将集中表现在焊接中，而表面组装生产中所有工艺控制的目的都是为了获得良好的焊接质量，如果没有合理可行的回流焊接工艺，前面任何工艺控制都将失去意义。而回流焊接工艺的表现形式主要为回流温度曲线，它是指 PCB 的表面组装器件上测试点处温度随时间变化的曲线。因而回流温度曲线是决定焊接缺陷的重要因素。因回流曲线不适当而影响的缺陷形式主要有：部品爆裂/破裂、翘件、锡粒、桥接、虚焊以及生半田、PCB 脱层起泡等。因此适当设计回流温度曲线可得到高的良品率及高的可靠度，对回流温度曲线的合理控制，在生产制程中有着举足轻重的作用。

回流温度曲线的一般技术要求及主要形式如下。

回流温度曲线各环节的一般技术要求：一般而言，回流温度曲线可分为 3 个阶段：预热阶段、回流阶段、冷却阶段。

预热阶段：预热是指为了使锡水活性化和避免浸锡时进行急剧高温加热引起部品不聚合所进行的加热行为。

预热温度：依使用锡膏的种类及厂商推荐的条件设定。一般设定在 80～160℃ 范围内使其慢慢升温（最佳曲线）；而对于传统曲线恒温区在 140～160℃ 间，注意温度高则氧化速度会加快很多（在高温区会线性增大，在 150℃ 左右的预热温度下，氧化速度是常温下的数倍）预热温度太低则助焊剂活性化不充分。

预热时间视 PCB 板上热容量最大的部品、PCB 面积、PCB 厚度以及所用锡膏性能而定。一般在 80～160℃ 预热段内时间为 60～120s，由此有效除去焊膏中易挥发的溶剂，减少对元件的热冲击，同时使助焊剂充分活化，并且使温度差变得较小。

预热段温度上升率：就加热阶段而言，温度范围在室温与熔点温度之间慢的上升率可望减少大部分的缺陷。对最佳曲线而言推荐以 0.5～1℃/s 的慢上升率，对传统曲线而言要求在 3～4℃/s 以下进行升温较好。

回流阶段：回流曲线的峰值温度通常是由焊锡的熔点温度、组装基板和元件的耐热温度决定的。一般最小峰值温度大约在焊锡熔点以上 30℃ 左右（对于目前 Sn63-Pb 焊锡，183℃ 熔融点，则最低峰值温度约 210℃）。峰值温度过低就易产生冷接点及润湿不够，熔融不足而致生半田，一般最高温度约 235℃，过高则易发生环氧树脂基板和塑胶部分焦化和脱层，再者超额的共界金属化合物将形成，并导致脆的焊接点（焊接强度影响）。

超过焊锡溶点以上的时间：由于共界金属化合物形成率、焊锡内盐基金属的分解率等因素，其产生及滤出不仅与温度成正比，且与超过焊锡熔点温度以上的时间成正比，为减少共界金属化合物的产生及滤出则超过熔点温度以上的时间必须减少，一般设定在 45～90s 之间，此时间限制需要使用一个快速温升率，从熔点温度快速上升到峰值温度，同时考虑元件承受热应力因素，上升率须介于 2.5～3.5℃/s 之间，且最大改变率不可超过 4℃/s。

冷却阶段：高于焊锡熔点温度以上的慢冷却率将导致过量共界金属化合物产生，以及在焊接点处易发生大的晶粒结构，使焊接点强度变低，此现象一般发生在熔点温度和低于熔点温度一点的温度范围内。快速冷却将导致元件和基板间太高的温度梯度，产生热膨胀的不匹配，导致焊接点与焊盘的分裂及基板的变形，一般情况下可容许的最大冷却率是由元件对热冲击的容忍度决定的。综合以上因素，冷却区降温速率一般在 4℃/s 左右，冷却至 75℃ 即可。

目前应用较广泛的两种回流温度曲线模式有以下两种。

（1）升温—保温方式（传统温度曲线）。

由起始快速温度上升至 140～170℃ 范围内某一预热温度并保持，保持温度范围要根据回流炉能力而定（±10℃），然后温度持平 40～120s 左右当作预热区，然后再快速升温至回流区，再迅速冷却进入冷却区(温度变化速率要求在4℃/s以下)。

特点：因为一般都取较低的预热温度，因而对SMD元器件高温影响小(给部品应力小)，故可延长其加热时间，以便达到助焊剂的活性化。同时因为从预热区到回流区，其温度上升较为急剧，易使焊接流变性恶化而致移位，且助焊剂活性化温度也低。

(2)逐步升温方式(最佳温度曲线)。

以慢的上升率(0.5~1℃/s)加热直到大约175℃，然后在20~30s内梯度上升到180℃左右，再以2.5~3.5℃/s快速上升到220℃左右，最后以不超过4℃/s快速冷却下降。其管理要点是保持一定的预热温度上升率，预热的终点接近锡的熔点温度。

特点：SMD元器件不受急剧的温度变化，助焊剂的活性化温度可以设定较高，但助焊剂的活性化时间短，同时预热温度高而使SMD元器件受高温影响。

两种回流温度曲线模式的比较：比较以上两种回流温度曲线模式，主要的不同是后者无高原结构(即恒温加热区)的温度曲线部分。

6.2.3　评价标准

任务二以SMT贴片收音机(FM)的焊接组装为载体，介绍了手工表面贴装工艺(SMT)流程及常用的表面贴装设备，通过SMT贴片收音机(FM)的焊接组装任务的实践，能使初学者能快速掌握手工表面贴装工艺(SMT)、SMD的焊接及调试方法。手工表面贴装工艺流程评分标准见表6-6。

表6-6　手工表面贴装工艺评分标准

任务二：SMT贴片收音机(FM)的焊接组装				组：	
项目	配分	考核要求	扣分标准	扣分记录	得分
任务二	70分	(1)了解手工表面贴装工艺(SMT)流程	(1)不能说出手工表面贴装工艺(SMT)流程，每处扣5分		
		(2)能正确操作手动表面贴装设备	(2)不能正确操作手动表面贴装设备，每处扣5分		
		(3)安装前能正确检查SMT贴片收音机(FM)元器件	(3)不能正确检查SMT贴片收音机(FM)元器件，每处扣4分		
		(4)能正确焊接SMT贴片收音机(FM)	(4)不能正确焊接SMT贴片收音机(FM)，每处扣3分		
		(5)能正确调试SMT贴片收音机(FM)	(5)不能正确调试SMT贴片收音机(FM)，每处扣3分		
		(6)SMT贴片收音机(FM)安装好后能收到电台	(6)SMT贴片收音机(FM)安装好后能不能收到电台，扣5分		
		(7)能正确返修SMT贴片收音机(FM)	(7)不能正确返修SMT贴片收音机(FM)，扣5分		

（续）

		任务二：SMT 贴片收音机(FM)的焊接组装		组：		
项目	配分	考核要求	扣分标准	扣分记录	得分
安全、文明工作	30分	(1) 不迟到、早退、旷课 (2) 保持环境整洁，秩序井然、操作习惯良好 (3) 小组成员协作和谐，工作态度正确 (4) 无人为损坏仪器、元件和设备	(1) 不遵守考勤制度，每次扣2～5分 (2) 现场不整洁、工作不文明．团队不协作，扣5分 (3) 人为损坏设备、元器件，扣10分 (4) 人为损坏仪器、元件和设备，扣20分		
总分：					

思考与练习

1. 什么是表面组装技术（SMT）？
2. SMT 与 THT 相比具有哪些优势特点？
3. 简要说明 SMT 由哪些相关的技术组成？
4. 电容、电阻的封装形式通常有哪些标示方法及规格？
5. 判断下列器件的类型并读出下列器件上的数据。

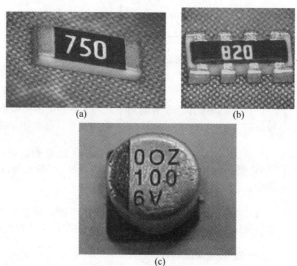

图 6.61　常见元器件

6. 集成电路主要有哪些封装方式？各有什么特点？
7. 某电阻尺寸长为 3.2mm，其宽为 1.6mm，求此电阻的英制尺寸代码。
8. 某电阻尺寸长为 1.0mm，其宽为 0.5mm，求此电阻的英制尺寸代码。
9. 简述再流焊和波峰焊的原理及特点。

模块七

自动表面贴装工艺（SMT）流程与表面贴装工艺文件的编制

7.1 任务一   SMT贴片闪光魔术棒的焊接组装

7.1.1 相关知识学习

焊接是表面组装技术的主要工艺技术。在SMT中采用的软钎焊技术主要有波峰焊（Wave Soldering）和再流焊（Reflow Soldering）。一般情况下，波峰焊用于混合组装方式，再流焊用于全表面组装方式。

1. 自动SMT组装工艺流程分类

SMT组装工艺根据焊接工艺不同一般可分为两大类：一类是再流焊工艺流程，另一类是波峰焊工艺流程。在实际生产中可根据实际情况进行单独使用、重复使用或者混合使用。

再流焊工艺流程如图7.1所示。

图7.1 再流焊工艺流程

波峰焊工艺流程如图7.2所示。

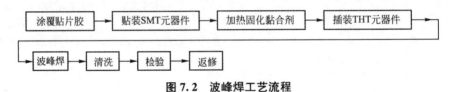

图7.2 波峰焊工艺流程

2. 工艺流程中的各个工序简介

（1）焊膏印刷。采用手动/半自动/全自动焊膏印刷机将焊膏或黏合剂印刷到相应焊盘或元器件的固定位置上，贴片胶也可采用点胶机或手动点涂。

（2）贴装SMT元器件。将SMT元器件准确地贴装到PCB的相应位置上，所用设备为贴片机，小批量生产时可使用真空吸笔或镊子通过手工放置。

（3）再流焊接。所用设备为再流焊炉，将表面贴装元器件与PCB牢固钎焊在一起以达到设计所要求的电气性能并按照标准曲线精密控制，有效防止PCB和元器件的热损坏和变形。

（4）加热固化黏合剂。将贴片胶受热固化，从而使表面贴装元器件与PCB牢固粘接在一起。

（5）插装THT元器件。翻板后，在另一面插装传统的THT元器件。

（6）波峰焊接。与普通PCB焊接工艺相同，用波峰焊设备进焊接。在波峰焊接过程中，SMT元器件浸没在熔融的锡液中，因此SMT元器件必须具有良好的耐热性能。为了达到良好的焊接质量一般建议采用双波峰焊接设备。

（7）清洗。将贴装好的PCB上面的影响电性能的物质或焊接残留物（助焊剂等）除去，若使用免清洗焊料一般可以不用清洗。对于要求微功耗产品或高频特性好的产品应进行清洗，一般产品可以免清洗。所用设备为超声波清洗机或用酒精直接手工清洗。

（8）检验。对贴装好的PCB进行焊接质量和装配质量的检验。检验方法主要有目视检验(可用放大镜、显微镜等设备)、自动光学检测、X光检测和超声波检测、在线检测和功能检测。

（9）返修。返修是对检测出现的故障的PCB进行返工，例如锡球、桥连、开路等缺陷。所用工具为烙铁、热风枪、返修台等。

3. 典型SMT工艺流程简介

在实际生产中常见的几种典型工艺流程及其特点见表7-1。

表7-1 典型工艺流程及其特点

序号	名称	工艺流程简图	特点
1	单面贴装	焊膏印刷—贴装SMT—再流焊接—(清洗)—检验—返修	效率高，PCB组装加热一次，简单、快捷，在无铅焊中优势明显
2	双面贴装	焊膏印刷—贴装SMT—再流焊接—翻板—焊膏印刷—贴装SMT—再流焊接—(清洗)—检验—返修	效率高，PCB组装加热二次，翻板一次，生产过程简捷，是实现安装面积最小化的必由之路，常用于密集型超小型电子产品中，移动电话是典型产品之一
3	单面混装	焊膏印刷—贴装SMT—再流焊接—插装THT—波峰焊接—(清洗)—检验—返修	效率较高，PCB组装加热二次，部分使用通孔器件，波峰焊接中缺陷相对多些，难以实现高密度组装
4	双面混装	贴胶—贴装SMT—固化—翻板—插装THT—波峰焊接—(清洗)—检验—返修	效率高，PCB组装加热二次，翻板一次，充分利用双面板空间，实现安装面积最小化的方法之一，多见于消费类电子产品的组装
5	双面贴装、插装	焊膏印刷—贴装SMT—再流焊接—翻板—焊膏印刷—贴装SMT—再流焊接—手工焊接—(清洗)—检验—返修	效率稍低些，PCB组装加热二次，充分利用双面板空间，部分通孔器件用手工焊接减少设备与加热次数
6	常规波峰焊双面混装	焊膏印刷—贴装SMT—再流焊接—翻板—贴胶—贴装SMT—固化—翻板—插装THT—波峰焊接—翻板—手工焊接—(清洗)—检验—返修	效率较低，PCB组装加热3次，设备要求增多，翻板3次，此工艺流程在无铅工艺中不建议使用，焊接高温会对PCB及元器件带来伤害

4. 自动表面贴装设备介绍

1）半自动焊锡膏印刷机

半自动焊锡膏印刷机相对于手动印刷机，除了PCB装夹过程由人工放置以及第一块PCB与模板的窗口位置是通过人工来对中外，其余动作可以连续完成。图7.3所示为一台半自动焊锡膏印刷机的实物照片。

2）全自动焊锡膏印刷机

全自动焊锡膏印刷机配有视觉识别、PCB自动装载系统，能实现全自动运行，印刷速度快，适合大规模大批量自动化生产。图 7.4 所示为一台全自动焊锡膏印刷机的实物照片。

图 7.3　半自动焊锡膏印刷机的实物照片　　图 7.4　全自动焊锡膏印刷机的实物照片

全自动焊锡膏印刷机主要由以下几部分构成。

（1）控制箱：控制印刷机工作。

（2）工作台：包括工作台面、真空吸附装置或 PCB 边夹持装置及工作台行程控制机构。

（3）印刷头系统：包括刮刀、印刷头控制系统等。

（4）模板及其定位与固定装置。

（5）其他功能选件。

3）贴片机

贴片机实际上是一种精密的工业机器人，是机、电、光以及计算机控制技术的综合体。它通过吸取位移定位放置等功能，在不损伤元件和印制电路板的情况下，将 SMC/SMD 元件快速而准确地贴装到 PCB 板所指定的焊盘位置上。元件的对中有机械对中、激光对中、视觉对中 3 种方式。贴片机由机架、$x-y$ 运动机构（滚珠丝杆、直线导轨、驱动电机）、贴装头、元器件供料器 PCB 承载机构、器件对中检测装置、计算机控制系统组成，整机的运动主要由 $x-y$ 运动机构来实现，通过滚珠丝杆传递动力、由滚动直线导轨运动副实现定向的运动，这样的传动形式不仅其自身的运动阻力小、结构紧凑，而且较高的运动精度有力地保证了各元件的贴装位置精度。

贴片机在重要部件如贴装主轴、动/静镜头、吸嘴座、送料器上进行了 Mark 标识。机器视觉能自动求出这些 Mark 中心系统坐标，建立贴片机系统坐标系和 PCB、贴装元件坐标系之间的转换关系，计算得出贴片机的运动精确坐标；贴装头根据导入的贴装元件的封装类型、元件编号等参数到相应的位置抓取吸嘴、吸取元件；静镜头依照视觉处理程序对吸取元件进行检测、识别与对中；对中完成后贴装头将元件贴装到 PCB 上预定的位置。这一系列元件识别、对中、检测和贴装的动作都是工控机根据相应指令获取相关的数据后指令控制系统自动完成的。贴片机的工作流程框图如图 7.5 所示。

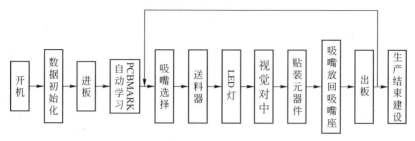

图 7.5　贴片机的工作流程框图

5．半自动焊锡膏印刷机和自动贴片机 AP288 的操作步骤

自动焊锡膏印刷机的操作步骤如下。

1）印刷前准备

准备好印刷刮刀。刮刀硬度为肖氏硬度 80～90HS；材质为橡胶或不锈钢；刮刀速度调到 25～150mm/s；刮刀角度为 45°～60°。

印刷环境温度应在 18～25℃，相对湿度 40%～80%。

主要调整因素是压力调整，以印刷后的印刷面没有残留焊膏为准。

2）印刷操作步骤

（1）操作前确认钢网、焊膏、PCB 板。

（2）检查金属钢网设计与制造是否与工艺要求相一致。

（3）在金属钢网被安装固定到印刷机之前，应检查钢网表面是否清洗；窗口开口是否堵塞；钢网是否碰伤和损伤。

（4）将 PCB 固定到工作台上并检查是否稳定可靠，当固定好以后升高工作台使 PCB 恰好与金属钢网表面接触。然后将 PCB 焊盘图形与钢网开口窗口对准吻合，按要求调整印刷间隙。

（5）使用的焊膏应符合要求，一定要检查焊膏的质量，特别是保存的有效期限。

（6）安装调整。将刀口平整的金属或橡胶刮刀调整印刷压力、印刷速度以及印刷角度等参数。

（7）首先试印刷一张 PCB，然后判断和检查试印的质量和效果。在质量达到要求后进行批量生产，记录操作参数。

（8）如果检测到印刷质量缺陷，必须用刮板刮掉多余的焊膏，并在清洗系统中清洗，重新印刷。

（9）印刷完成后，对刮刀进行清洗，检查钢网是否完好无损，清洗干净妥为保管，同时还要清洗印刷机。

3）自动贴片机 AP288 的简要操作步骤

贴片是将表面贴装器件贴装到涂覆有焊膏的 PCB 焊盘的过程，其基本的操作步骤如下。

（1）生产程序的制作。制作生产数据程序按照基板数据—贴片数据—元件数据的顺序来制作。

（2）装备检查：进行主空气压力的确认(0.5MPa)。

（3）打开电源，检查紧急停车按钮是否拔起。

（4）登录打开相应的生产文件。

（5）设备预热、回零后进行基本设置。

（6）启动进行试生产，对首件产品进行确认，当发生贴片位置偏差、识别出错等，未能正常贴片时，可用"程序编辑"进行修正。

确认首件产品无误后启动装备开始贴片。

6. 印刷质量检查标准及印刷不良现象解决对策

1）锡膏印刷质量检查标准

（1）Chip 料锡浆印刷规格标准（目标）如下。

锡浆无偏移；锡浆量、厚度符合要求；锡浆成形佳，无崩塌断裂；锡浆覆盖焊盘 90% 以上。

Chip 料锡浆印刷规格标准（目标）示例图如图 7.6 所示。

① 合格标准：钢网的开孔有缩孔，但锡浆仍有 85% 覆盖焊盘；锡浆量均匀；锡浆厚度在要求规格内；Chip 料锡浆印刷规合格标准示例图如图 7.7 所示。

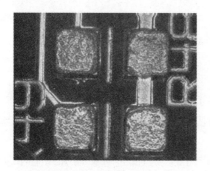 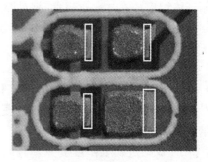

图 7.6 Chip 料锡浆印刷规格标准示例图　　图 7.7 Chip 料锡浆印刷合格示例图

② 不合格标准：锡浆量不足；两点锡浆量不均；锡浆印刷偏移超过 15% 焊盘。Chip 料锡浆印刷不合格示例图如图 7.8 所示。

（2）SOT 元件锡浆印刷规格标准（目标）如下。

锡浆无偏移；锡浆完全覆盖焊盘；三点锡浆均匀；厚度满足测试要求。

SOT 元件锡浆印刷规格标准（目标）示例图如图 7.9 所示。

 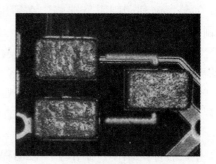

图 7.8 Chip 料锡浆印刷不合格示例图　　图 7.9 SOT 元件锡浆印刷规格标准示例图

① 合格标准：锡浆量均匀且成形佳；锡浆厚度合符规格要求；有 85% 以上锡浆覆盖

焊盘；印刷偏移量少于 15％。SOT 元件锡浆印刷合格标准示例图如图 7.10 所示。

② 不合格标准：锡浆 85％以上未覆盖焊盘；有严重缺锡。SOT 元件锡浆印刷不合格示例图如图 7.11 所示。

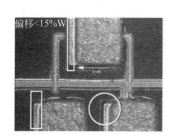

图 7.10　元件锡浆印刷合格示例图

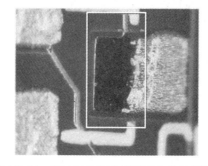

图 7.11　SOT 元件锡浆印刷不合格示例图

（3）二极管、电容等（1206 以上尺寸物料）锡浆印刷规格标准（目标）如下。

锡浆印刷成形佳；锡浆印刷无偏移；锡浆厚度测试符合要求；开孔可以使热气排除，以免造成气流使元件偏移。

二极管、电容锡浆印刷规格标准（目标）示例图如图 7.12 所示。

① 合格标准：锡浆量足；锡浆覆盖焊盘的 85％以上；锡浆成形佳。二极管、电容锡浆印刷合格示例图如图 7.13 所示。

图 7.12　二极管、电容锡浆印刷
规格标准（目标）示例图

图 7.13　二极管、电容锡浆
印刷合格示例图

② 不合格标准：15％以上锡浆未完全覆盖焊盘；锡浆偏移超过 20％焊盘。二极管、电容锡浆印刷不合格示例图如图 7.14 所示。

（4）焊盘间距＝1.25mm 锡浆印刷规格标准（目标）如下。

各锡浆几乎完全覆盖各焊盘；锡浆量均匀，厚度在测试范围内；锡浆成形佳，无缺锡、崩塌。

焊盘间距＝1.25mm 锡浆印刷规格标准（目标）示例图如图 7.15 所示。

① 合格标准：锡浆印刷成形佳；虽有偏移，但未超过 15％焊盘；锡浆厚度测试合乎要求。

焊盘间距＝1.25mm 锡浆印刷合格示例图如图 7.16 所示。

图7.14 二极管、电容锡浆
印刷不合格示例图

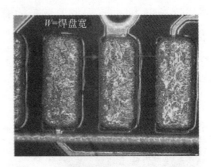

图7.15 焊盘间距＝1.25mm锡浆
印刷规格标准(目标)示例图

② 不合格标准：锡浆偏移量超过15％焊盘；元件放置后会造成短路。焊盘间距＝1.25mm锡浆印刷不合格示例图如图7.17所示。

图7.16 焊盘间距＝1.25mm锡浆
印刷合格示例图

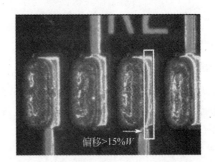

图7.17 焊盘间距＝1.25mm锡浆
印刷不合格示例图

(5) 焊盘间距＝0.8～1.0mm锡浆印刷规格标准(目标)如下。

锡浆无偏移；锡浆100％覆盖于焊盘上；各焊盘锡浆成形良好，无崩塌现象；各点锡浆均匀，测试厚度符合要求。

焊盘间距＝0.8～1.0mm锡浆印刷规格标准(目标)示例图如图7.18所示。

① 合格标准：锡浆虽成形不佳，但仍足以将元件脚包满锡；各点锡浆偏移未超过15％焊盘；焊盘间距＝0.8～1.0mm印刷合格示例图如图7.19所示。

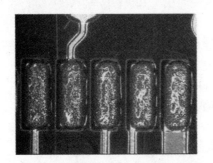

图7.18 焊盘间距＝0.8～1.0mm锡浆
印刷规格标准(目标)示例图

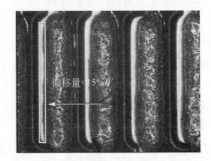

图7.19 焊盘间距＝0.8～1.0mm锡浆
印刷合格示例图

② 不合格标准：锡浆印刷不良；锡浆未充分覆盖焊盘，焊盘裸露超过 15％以上。焊盘间距＝0.8～1.0mm 印刷不合格示例图如图 7.20 所示。

（6）焊盘间距＝0.7mm 锡浆印刷规格标准(目标)如下。

锡浆量均匀且成形佳；焊盘被锡浆全部覆盖；锡浆印刷无偏移；测试厚度符合要求。

焊盘间距＝0.7mm 锡浆印刷规格标准(目标)示例图如图 7.21 所示。

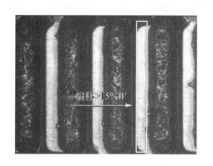

图 7.20 焊盘间距＝0.8～1.0mm 锡浆
印刷不合格示例图

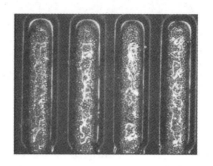

图 7.21 焊盘间距＝0.7mm 锡浆
印刷规格标准(目标) 示例图

① 合格标准：锡浆成形佳，无崩塌、断裂；各点锡浆偏移未超过 15％焊盘；锡浆厚度测试在规格内；偏移＜15％W。

焊盘间距＝0.7mm 印刷合格示例图如图 7.22 所示。

② 不合格标准：焊盘超过 15％未覆盖锡浆；锡浆几乎覆盖两条焊盘，焊接后易造成短路；锡浆印刷形成桥连。焊盘间距＝0.7mm 印刷不合格示例图如图 7.23 所示。

图 7.22 焊盘间距＝0.7mm 锡浆
印刷合格示例图

图 7.23 焊盘间距＝0.7mm 锡浆
印刷不合格示例

（7）焊盘间距＝0.65mm 锡浆印刷规格标准(目标)如下。

各焊盘锡浆印刷均 100％覆盖焊盘上；锡浆成形佳，无崩塌现象；测试厚度符合要求。

焊盘间距＝0.65mm 锡浆印刷规格标准(目标)示例图如图 7.24 所示。

① 合格标准：锡浆成形佳；锡浆厚度测试在规格内；锡浆偏移量小于 10％焊盘。焊盘间距＝0.65mm 印刷合格示例图如图 7.25 所示。

图 7.24　焊盘间距＝0.65mm 锡浆
印刷规格标准(目标) 示例图

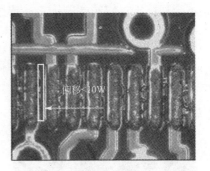

图 7.25　焊盘间距＝0.65mm 锡浆
印刷合格示例图

② 不合格标准：锡浆印刷偏移量大于 10％焊盘宽；过回流炉后易造成短路。焊盘间距＝0.65mm 印刷不合格示例图如图 7.26 所示。

(8) 焊盘间距＝0.5mm 锡浆印刷规格标准(目标)如下。

各焊盘印刷锡浆成形佳，无崩塌及缺锡；锡浆 100％覆盖于焊盘上；测试厚度符合要求。

焊盘间距＝0.5mm 锡浆印刷规格标准(目标)示例图如图 7.27 所示。

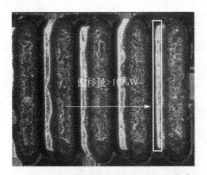

图 7.26　焊盘间距＝0.65mm 锡浆
印刷不合格示例图

图 7.27　焊盘间距＝0.5mm 锡浆
印刷规格标准(目标) 示例图

① 合格标准：锡浆成形虽略微不佳，但厚度在规格内；锡浆无偏移；过回流炉后无少锡、假焊现象。

焊盘间距＝0.5mm 印刷合格示例图如图 7.28 所示。

② 不合格标准：锡浆成形不良，且断裂；锡浆塌陷；两锡浆相撞，形成桥连。焊盘间距＝0.5mm 印刷不合格示例图如图 7.29 所示。

2) 锡浆厚度规格

(1) Chip 料锡浆厚度规格为：锡浆完全覆盖焊盘；锡浆均匀，厚度符合要求；锡浆成形佳。

Chip 料锡浆厚度示例图如图 7.30 所示。

(2) SOT 料锡浆厚度规格为：锡浆完全覆盖焊盘；锡浆均匀，厚度符合要求；锡浆成形佳。

SOT 料锡浆厚度示例图如图 7.31 所示。

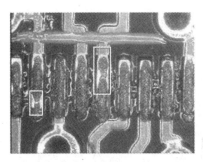

图 7.28 焊盘间距＝0.5mm 锡浆
印刷合格示例图

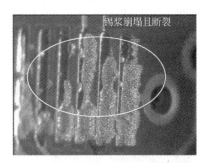

图 7.29 焊盘间距＝0.5mm 锡浆
印刷不合格示例图

图 7.30 Chip 料锡浆厚度示例图

图 7.31 SOT 料锡浆厚度示例图

（3）圆柱体物料锡浆厚度规格为：锡浆完全覆盖焊盘；锡浆均匀，厚度符合要求，有较好的锡浆带面；锡浆成形佳。

圆柱体物料锡浆厚度示例图如图 7.32 所示。

（4）IC 元件的锡浆厚度规格如下。

IC 脚间距＝1.25mm，锡浆厚度满足要求。

间距 $P>1.0$mm 时，可加大 10% 钢网开孔。

IC 脚间距＝1.25mm，锡浆厚度示例图如图 7.33 所示。

图 7.32 圆柱体物料锡浆厚度示例图

图 7.33 IC 脚间距＝1.25mm 锡浆厚度示例图

IC 脚间距＝0.7mm，锡浆厚度满足要求。

IC 脚间距＝0.7mm，锡浆厚度示例图如图 7.34 所示。

IC 脚间距＝0.5mm，锡浆厚度满足要求。

IC 脚间距＝0.5mm，锡浆厚度示例图如图 7.35 所示。

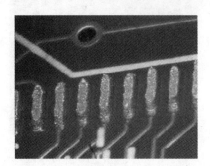

图 7.34　IC 脚间距＝0.7mm 锡浆
厚度示例图

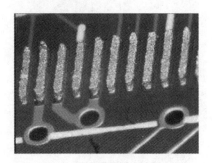

图 7.35　IC 脚间距＝0.5mm 锡浆
厚度示例图

3）锡膏印刷不良现象解决对策

在 SMT 生产过程中，人们都希望基板从印刷工序开始到回流焊接工序结束，质量处于零缺陷状态，但实际上这是很难达到的。由于 SMT 工序较多，不能保证每道工序都不出现差错。因此在 SMT 生产过程中会碰到一些焊接缺陷，这些缺陷由多种原因造成。对于每个缺陷应分析其产生的根本原因，这样才能消除这些缺陷，做好后续的预防工作。那么怎样才能控制这些缺陷的产生呢？首先要认识什么是制程控制。简单来说，制程控制是运用最合适的设备、工具或者方法材料，控制制造过程中各个环节，使之能生产出品质稳定的产品。实际上实施制程控制的目的也就是提高生产效率，提高生产品质，稳定工艺流程，用最经济的手段得到最佳的效益，这些主要体现在生产能力的提升。

实际上 SMT 制程控制中最关键的工序还是印刷工序，是影响制程品质的重点所在。

印刷不良现象、原因及对策见表 7-2。

表 7-2　印刷不良现象、原因及对策

序号	缺陷	原因	危害	对策
1	焊膏图形错位	钢板对位不当与焊盘偏移，印刷机印刷精度不够	易引起桥连	调整钢板位置，调整基板 Mark 点设置
2	焊膏图形拉尖，有凹陷	刮刀压力过大，橡胶刮刀硬度不够，窗口太大	焊料量不够，易出现虚焊，焊点强度不够	调整印刷压力，换金属刮刀，改进模板窗口设计
3	焊膏量过多	模板窗口尺寸过大，钢板与 PCB 之间的间隙太大	易造成桥连	检查模板窗口尺寸，调节印刷参数，特别是印刷间隙
4	焊膏量不均匀，有断点	模板窗口壁光滑不好，印刷次数多，未能及时擦去残留焊膏，焊膏触变性不好	易引起虚焊缺陷	擦洗钢模板
5	图形沾污	未能及时擦干净模板，钢板离开时有抖动	易桥连	擦洗钢模板，换焊膏

7. SMT 贴片、焊接制程常见缺陷分析与改善

1) 贴片、焊接制程的质量标准

贴片、焊接制程是 SMT 生产过程的重要环节，是产生产品质量缺陷的重要环节。

贴片、焊接制程的质量标准有以下要求。

(1) SMD 器件贴片正确：SMD 器件贴片规正，极性正确，无位移、反贴、漏贴、多贴。

(2) SMD 器件焊接牢固，焊点光滑、圆润，焊锡适量，无毛刺、搭锡、漏锡。

贴片、焊接制程的质量标准示例图如图 7.36 所示。

图 7.36 贴片、焊接制程的质量标准示例图

2) SMT 贴片、焊接制程常见缺陷分析与改善

SMT 制程常见缺陷有：锡少、胶少、沾锡粒、生半田(冷焊)、移位、短路、竖立、未焊锡(假焊)、浮起、脱落、漏装、损伤、装错、印字不清、方向反、相挨、交叉等。

(1) 少锡。

① 缺陷概述。

少锡是指元件端子或电极片的锡量达不到高度要求及端子前端没有锡轮廓。SMT 制程少锡缺陷如图 7.37 所示。

② 发生原因。

a. 印刷机刮刀压力过大，使刮刀将网孔中的锡膏刮掉，印刷在基板铜箔上的效果为四周高中间低，使回流后元件锡量少。

图 7.37 少锡缺陷

b. 印刷网板的网孔由于未清洗干净，锡粒黏附在开口部周边凝固后造成网孔堵塞而导致印刷锡少。

c. 印刷网板开口偏小或网板厚度偏薄不能满足元件回流后的端子锡量。

d. 贴装移位造成元件回流后少锡。

e. 印刷速度过快，锡膏在刮刀片下滚动过快，使锡膏来不及充分地印刷在网孔中。

f. 网板开口表面光洁度不够且粗糙，使锡粒子印刷下锡量较少。

③ 改善方法。

a. 减少印刷刮刀压力，使印刷锡量增加，另外可轻微增大网板与基板之间的印刷间距，使锡量增加。

b. 增加网板擦拭频率，自动擦拭后适当采用手动擦拭，另外对网板清洗的网板一定要用显微镜进行检查。

c. 适当加大网板开口尺寸，使其铜箔有足够的锡量。

d. 调整贴装坐标及元件识别方法，使元件贴在铜箔正中间。

e. 调整印刷机参数设定，使印刷速度降低。

f. 网板开口工艺采用激光加工法，对细间距 IC 通常采用电抛光加工。

（2）沾锡粒。

① 缺陷概述。

沾锡粒是由于回流过程中加热急速造成的锡颗粒分散在元件的周围或基板上，冷却后形成的。

SMT 制程沾锡粒缺陷如图 7.38 所示。

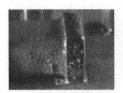

图 7.38　沾锡粒缺陷

② 发生原因。

a. 锡膏接触空气后，颗粒表面产生氧化或锡膏从冰箱里取出后没有充分地解冻，使回流后锡颗粒不能有效地结合在一起。

b. 回流炉的预热阶段的保温区时间或温度不充分，使锡膏内的水分与溶剂未充分挥发溶解。

c. 网板擦拭不干净，印刷时使残留在网板孔壁的锡颗粒印在基板上，回流后形成。

d. 印刷锡量较厚(主要为 Chip 元件)，贴装时锡膏塌陷，回流过程中塌陷的锡膏扩散后不能收回。

e. 针对电解电容沾锡粒，主要是由于两铜箔锡量太多，大部分的锡都压在元件本体树脂下面，回流后锡全部从树脂底下溢出形成锡粒。

f. 锡膏超过有效期，阻焊剂已经沉淀出来与锡颗粒不能融合在一起，回流后使锡颗粒扩散形成沾锡粒。

g. 回流炉保温区与回流区的温度急剧上升，造成锡颗粒扩散后不能收回。

③ 改善方法。

a. 避免锡膏直接与空气接触，对停留在网板上长时间不使用的锡膏则回收在锡膏瓶内，放进冰箱。从冰箱内取出锡膏放在室温下回温适宜的时间并按规定时间搅拌后才能使用。

b. 适当增加预热温度，延长回流曲线图的预热时间，使锡膏中的焊料互相熔化。

c. 擦拭网板采用适当的擦拭形式，如湿、干式等。

d. 针对 Chip 元件开网板时采用防锡珠开口方式，减少锡量。

e. 此类元件网板开口时通常要采用将其向外平移 0.3～0.6mm 的方法，使其锡量大部分印刷在元件树脂以外的铜箔上。

f. 更换过期锡膏，按锡膏的有效期使用，严格按先入先出的原则适用。

g. 适当调整回流炉的保温区与回流区的温度，使温度上升速度缓慢上升，一般保温区控制在 0.3～0.5℃/s，回流区控制在 2～5℃/s。

（3）冷焊。

① 缺陷概述。

冷焊是指锡膏在过回流炉后未彻底熔化，存在像细沙一样的颗粒，焊点表面无光泽。SMT 制程冷焊缺陷如图 7.39 所示。

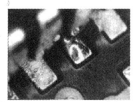

图 7.39　冷焊缺陷

② 发生原因。

a. 主要由于回流炉的回流温度偏低，回流区时间偏短，使锡膏未完全熔化而形成。

b. 锡膏过期，在正常的回流温度下使锡膏未得到充分的熔化。

c. 较大元件回流时由于部品吸热较多，使锡膏没有吸收到较大的热量而出现。

d. 回流过程中基板被卡在回流炉中间，未通过回流区便人为取出，导致锡膏未彻底熔化。

e. 回流炉的链速设定过快或风机频率设定偏低，使锡膏未彻底地回流熔化。

③ 改善方法。

a. 在曲线图规定条件内适当增高回流区的温度与时间范围，使锡膏得到充分熔化。

b. 更换过期锡膏，另外可加入阻焊剂再充分搅拌(一般不采用)。

c. 针对有大型元件的基板，回流时可适当增加各温区的温度，使锡膏能吸收到充分的热量，而充分熔化。

d. 对回流更换产品时，轨道调整到比基板宽出 0.5～1mm。使基板能顺畅通过。

e. 适当调整回流炉的参数设置，降低链速设定或增大风机频率设定。

（4）移位。

① 缺陷概述。

移位是指元件的端子或电极片移出了铜箔，超出了判定基准。SMT 制程移位缺陷如图 7.40 所示。

② 发生原因。

a. 贴装坐标或角度偏移，元件未装在铜箔正中间。

b. 实装机部品相机识别方式选择不适当，造成识别不良而贴装移位。

c. 基板定位不稳定，MAEK 电设置不适当或顶针布置不合适造成移位。

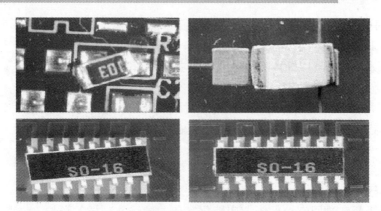

图 7.40　移位缺陷

　　d. 吸料位置偏移，造成贴装时吸嘴没有吸在元件的中间位置而移位。

　　e. 印刷时锡量偏少而不均匀，回流时由于张力作用拉动部品使其移位。

　　f. 部品数据库中数据参数设置错误，（如：吸嘴设置不适当)使贴装移位。

　　③ 改善方法。

　　a. 调整实装程序的 X，Y 坐标或角度。

　　b. 更改贴装时部品相机识别方式，特别是 QFP，较密集的 CN 类元件。

　　c. 确认轨道宽度(轨道宽度设置一般是比基板宽度宽 0.5mm)，确认顶针布置均匀合理，MAER 数据正常，设置位置合理，不会错识别到旁边点。

　　d. 调整吸料位置，使吸嘴吸在元件中间无偏移。

　　e. 适当减少印刷刮刀压力及均匀分布顶针，使印刷锡量增加且均匀。

　　f. 根据元件实际尺寸设置元件数据，正确选择吸嘴。

　　(5) 短路。

　　① 缺陷概述。

　　短路是指相邻两端子或电路线发生锡连接现象。SMT 制程短路缺陷如图 7.41 所示。

图 7.41　短路缺陷

　　② 发生原因。

　　a. 印刷锡量过多，元件贴装后将锡膏压塌，使相邻两铜箔间发生锡膏连接，回流后短路。

　　b. 印刷移位，使相邻两铜箔的锡膏与原件端子发生锡连接，回流后发生短路。

　　c. 印刷脱模速度过快而至印刷拉锡，印刷锡膏呈山坡状，部品贴装后使相邻两铜箔间的锡膏连接在一起。

　　d. 网板开口部适当或网板钢片选择过厚，特别是排阻与 0.65pitch 以下的 QFP 类 IC 开口过大，从而造成印刷锡量多，贴装回流后短路。

e. 贴装移位，特别是 QFP 类 IC，回流后移位的 IC 端子脚与相邻的锡膏发生锡连接。

f. 印刷机程序中 PCB 厚度数据设置不当，印刷时网板与基板间距过大，造成印刷锡膏厚度过大或向周边扩散。

③ 改善方法。

a. 适当增大印刷压力，使锡量减少或将有 0.5pitch 的 IC 印刷网板的钢片厚度改为 0.15mm 或 0.13mm，减少锡量厚度，另外可调整贴装压力，使部品轻放在锡膏上而不产生塌陷。

b. 调整印刷位置，使锡膏印在铜箔正中间位置。

c. 合理布置顶针，再调整印刷脱模速度与距离。

d. 此类部品一般根据有铅与无铅做适当的开口或减少钢片厚度，网板建议采用电抛光加工方法。

e. 调整贴装坐标或吸料位置，较大的部品可适当调慢吸料贴装速度。

f. 调整印刷机程序中 PCB 厚度设置值，减少印刷锡量。

（6）竖立。

① 缺陷概述。

竖立是指元件一端翘起脱离基板的铜箔，没有与铜箔连接在一起，而另一端则焊在铜箔上。SMT 制程竖立缺陷如图 7-42 所示。

图 7.42　竖立缺陷

② 发生原因。

a. 元件贴装偏移，与元件接触较多的锡膏端得到更多的热熔量而先熔化，从而把另一端拉起形成竖立。

b. 印刷锡量较薄或铜箔两边锡量不均匀，锡膏熔化时的表面张力随之减小，故竖立概率也增大。

c. 回流炉预热阶段的保温区温度设置低，时间短，元件两端不同时熔化的概率大，也容易形成。

d. 铜箔外形尺寸设计不当，两边大小不一样，两铜箔间距大或偏小，主要指 1005 型 Chip 元件。

e. 网板张力不够而松动，印刷时由于刮刀有压力，刮动时网板钢片发生变形，印刷的锡量也高低不平，回流后元件竖立。

f. 基板表面沾基板屑或其他异物，元件装上后一端浮起而致竖立。

g. Chip 元件两端电极片大小差异较大，回流时使元件两端张力大小不平衡而形成竖立。

h. 基板回流过程中各元件受热不均匀所致。

③ 改善方法。

a. 调整贴装坐标，使部品装在两铜箔正中间。

b. 增加印刷锡量厚度或印刷平整度，另外开网板时针对 1005 型元件开 0.15mm 厚的网板。

c. 适当增加预热阶段的保温区温度，将其时间延长至偏上限值，使两端的锡能同时充分熔化。

d. 联络改善基板，但从网板开口方面也有较好的改善，将 1005 型元件开口尺寸长方向为 0.5mm，宽为 0.6mm 即可。

e. 生产前先确认网板有无松动，对松动的网板要及时重新绷网。

f. 印刷前先用风枪吹干净基板表面或先擦拭后再印刷。

g. 联络材料供应商改善。

h. 调整回流炉的各参数设置，使基板充分且均匀受热。

(7) 未焊锡/假焊。

① 缺陷概述。

未焊锡/假焊是指元件端子没有与铜箔的锡膏熔接在一起，即没有焊好。SMT 制程未焊锡/假焊缺陷如图 7.43 所示。

图 7.43　未焊锡/假焊缺陷

② 发生原因。

a. Chip 类元件两端铜箔印刷锡量不均匀，部品回流后由于锡量多的一侧张力大拉起部品使锡少的一侧造成未焊锡/假焊。

b. 元件贴装时移位(主要针对排阻和 1005 型 Chip 元件)，锡膏在熔化至冷却凝固状态的过程中，部品沾锡膏多的一侧冷却凝固时牵引力较沾锡膏少的那侧要大，从而拉动元件移向锡较多的一侧而形成。

c. 元件端子轻微向上翘起变形或端子来料氧化，回流后锡膏不能浸到端子上而造成。

d. 回流的预热区时间或温度不够高，造成锡与端子熔接时未完全浸润。

e. 锡膏超过印刷至回流的有效期，回流时锡膏不能与端子完全熔化形成焊锡不良。

f. 锡膏过期，回流时由于锡膏的焊料变质，不能与原件的电极片或端子熔接在一起。

③ 改善方法。

a. 适当均匀分布顶针，使印刷锡量均匀，同时再确认印刷刮刀片是否变形、磨损，更换不良的刮刀片。

　　b. 调整贴装位置，使其装在铜箔正中间。

　　c. 端子变形的需要整形后再贴装，若来料氧化，联络供应商处理改善。

　　d. 适当增加回流预热区的温度与时间，使其充分熔接。

　　e. 严格控制印刷至回流的时间。

　　f. 更换过期锡膏，严格控制按锡膏的有效期于先入先出进行管理使用。

　　(8) 多装/漏装。

　　① 缺陷概述。

　　多装/漏装是指基板上有多余的元件/元件根本就没有贴装在基板上的铜箔上，或铜箔上的锡膏红胶也没有被元件装过的痕迹。SMT 制程多装/漏装缺陷如图 7.44 所示。

图 7.44　多装/漏装缺陷

　　② 发生原因。

　　a. 吸嘴沾脏后未及时清洗或吸嘴真空气管破裂使吸嘴真空太小，头部在旋转过程中将原件甩落，未装在基板上。

　　b. NC 程序出错，无此元件的贴装坐标。

　　c. 基板铜箔上漏印刷锡膏或红胶，元件贴上后由于未被固定而致漏装。

　　d. 设备故障死机，关机时没有记忆，重新开机时未找点生产而致漏装。

　　e. NC 程序中元件贴装数据项被 SKIP。

　　f. 网板制作时漏开口，元件贴装时被打飞。

　　g. 元件库数据中元件厚度设置不当。

　　③ 改善方法。

　　a. 清洗吸嘴或更换破裂气管，增大真空气压。

　　b. 修改 NC 程序，增加此元件的贴装数据。

　　c. 清洗网板网孔，使其正常印刷，对漏印刷的采用人工补胶后再投入生产。

　　d. 对设备故障重新开机时采用找点法重新找点后再生产。

　　e. 恢复 NC 程序中的 SKIP 项。

　　f. 对新网板制作投入生产前需按要求对网板进行确认，对发现漏开孔，应立即送外补开网孔。

　　g. 根据元件的实际厚度进行设定。

图 7.45　反向缺陷

　　(9) 反向。

　　① 缺陷概述。

　　反向是指 SMD 器件被贴反，底面(白面)朝上也称"反料"或"反白"。SMT 制程反向缺陷如图 7.45 所示。

　　② 发生原因。

　　a. 程序角度设置错误。

　　b. 原材料反向。

　　c. 上料员将上料方向上反。

　　d. FEEDER 压盖变开导致，元件供给时反向。

e. 机器归正件时反向。

f. 来料方向变更，盘装方向变更后程序未变更方向。

g. Q、V轴马达皮带或轴有问题。

③ 改善方法。

a. 重新检查程序。

b. 上料前对上料方向进行检验。

c. 上料前对上料方向进行确认。

d. 维修或更换 FEEDER 压盖。

e. 修理机器归正器。

f. 发现问题时及时修改程序。

g. 检查马达皮带和马达轴。

7.1.2　相应技能训练

1. 材料准备

材料清单见表 7-3。

表 7-3　SMT 贴片闪光魔术棒材料清单

序号	名称	型号规格	位号	数量
1	STC 贴片单片机	STC12C5A60S2	IC	1
2	贴片高亮度 LED	LED 发白色光	LED0—LED16	17
3	贴片电阻	220Ω	R0—R16	17
4	晶振	12M	Y1	1
5	贴片电容	20pF	C1，C2	2
6	4 针插头	下载接口	P1	1
7	水银开关		S3，S2	2
8	贴片开关		S4	1
9	直插开关	电源开关	SW2	1
10	CR2030 电池座			2
11	CR2030 电池	CR2030 3V	BT1，BT2	2
12	双面印刷电路板	199mm×35mm		1

2. 使用设备工具

半自动动焊膏印刷机、自动贴片机、再流焊机、热风枪、带放大镜台灯、真空吸笔、万用表、镊子、计算机。

3. 任务内容

按要求自动焊接组装、编程、调试好 SMT 贴片闪光魔术棒，实现设计的闪光显字功能。

1) 工作原理

（1）产品特点。

大家都有过这样的经历：摇晃干木材上的一点炭火，就能看到一条美丽的弧线。但在黑夜里打开闪光魔术棒，在空中快速地左右摇晃，更神奇的事情就会出现。闪光魔术棒可以让棒身上的 LED 灯在划过空中的适当位置时显示文字和图形。闪光魔术棒会如此神奇的谜底就在于眼睛的视觉残留现象。

"摇晃干木材上的一点炭火，我们能看到一条美丽的弧线"这样的经历就是视觉残留。还有就是扇子一面是只小鸟，另一面是个笼子，来回转动扇子，小鸟就会像在笼子里一样，这个也是视觉残留。视觉残留也叫视觉暂留，是光对视网膜所产生的视觉在光停止作用后，仍保留一段时间的现象。这是由视神经的反应速度造成的。

闪光魔术棒上的 LED 灯在划过空中的适当位置显示文字和图形，利用的也是视觉残留。把需要显示的文字转化为 16×16 的点阵编码，然后将编码和编写好的程序输入到设计好的闪光魔术棒单片计算机芯片中，开启闪光魔术棒电源，在空中快速左右摇晃闪光魔术棒，单片机就会按预先设定的扫描程序按列从左到右或从右到左逐个点亮相应的 LED，因为眼睛的视觉残留，就能看到神奇的文字显示在黑暗的浩瀚无际空中。

（2）主单片机芯片原理分析。

① STC12C5A60S2 单片机简介。STC12C5A60S2 是 STC 生产的单时钟/机器周期（1T）的单片机，是高速、低功耗、超强抗干扰的新一代 8051 单片机，指令代码完全兼容传统 8051，但速度快 8～12 倍。内部集成 MAX810 专用复位电路，2 路 PWM，8 路高速 10 位 A/D 转换，针对电机控制，可用于强干扰场合。其特点如下。

a. 增强型 8051CPU，1T，单时钟/机器周期。

b. 工作电压 5.5～3.5V。

c. 1280 字节 RAM 。

d. 通用 I/O 口，复位后为准双向口/弱上拉，可设置成 4 种模式：准双向口/弱上拉，强推挽/强上拉，仅为输入/高阻，开漏。每个 I/O 口驱动能力均可达到 20mA，但整个芯片最大不要超过 120mA。

e. 有 EEPROM 功能。

f. 看门狗。

g. 内部集成 MAX810 专用复位电路。

h. 外部掉电检测电路。

i. 时钟源：外部高精度晶体/时钟，内部有 R/C 振荡器。常温下内部 R/C 振荡器频率为：5.0V 单片机为 11～17MHz，3.3V 单片机为 8～12MHz 。

j. 4 个 16 位定时器　两个与传统 8051 兼容的定时器/计数器，16 位定时器 T0 和 T1 。

k. 3 个时钟输出口，可由 T0 的溢出在 P3.4/T0 输出时钟，可由 T1 的溢出在 P3.5/T1 输出时钟，独立波特率发生器可以在 P1.0 口输出时钟。

l. 7 路外部中断 I/O 口，为传统的下降沿中断或电平触发中断，并新增支持上升沿中断的 PCA 项目，Power Down 模式可由外部中断唤醒：INT0/P3.2，INT1/P3.3，T0/P3.4，T1/P3.5，RxD/P3.0，CCP0/P1.3，CCP0/P1.3。

m. PWM 2 路。

n. A/D 转换，10 位精度 ADC，共 8 路，转换速度可达 250K/S 。

o. 通用全双工异步串行口（UART）。

p. 双串口，RxD2/P1.2，TxD2/P1.3。

q. 工作范围：－40～85 。

r. 封装：LQFP－48，LQFP－44，PDIP－40，PLCC 。

②引脚说明。

P0：P0 口既可以作为输入/输出口，也可以作为地址/数据复用总线使用。当 P0 口作为输入/输出口时，P0 是一个 8 位准双向口，内部有弱上拉电阻，无须外接上拉电阻。当 P0 作为地址/数据复用总线使用时，是低 8 位地址线 A0～A7，数据线 D0～D7。

P1.0/ADC0/CLKOUT2：标准 I/O 口、ADC 输入通 0、独立波特率发生器的时钟输出。

P1.1/ADC1 P1.2/ADC2/ECI/RxD2：标准 I/O 口、ADC 输入通道 2、PCA 计数器的外部脉冲输入脚，第二串口数据接收端。

P1.3/ADC3/CCP0/TxD2：外部信号捕获，高速脉冲输出及脉宽调制输出、第二串口数据发送端。

P1.4/ADC4/CCP1/SS：非 SPI 同步串行接口的从机选择信号。

P1.5/ADC5/MOSI：SPI 同步串行接口的主出从入(主器件的输入和从器件的输出)。

P1.6/ADC7/SCLK：SPI 同步串行接口的主入从出。

P2.0～P2.7：P2 口内部有上拉电阻，既可作为输入输出口(8 位准双向口)，也可作为高 8 位地址总线使用。

P3.0/RxD：标准 I/O 口、串口 1 数据接收端。P3.1/INT0：非外部中断 0，下降沿中断或低电平中断。

P3.3/INT1、P3.4/T0/INT：非/CLKOUT0 定时器计数器 0 外部输入、定时器 0 下降沿中断、定时计数器 0 的时钟输出。

A/D 转换器的结构。STC12C5A60AD/S2 系列带 A/D 转换的单片机的 A/D 转换口在 P1 口，有 8 路 10 位高速 A/D 转换器，速度可达到 250kHz(25 万次/秒)。8 路电压输入型 A/D，可做温度检测、电池电压检测、按键扫描、频谱检测等。上电复位后 P1 口为弱上拉型 I/O 口，用户可以通过软件设置将 8 路中的任何一路设置为 A/D 转换，不须作为 A/D 使用的口可继续作为 I/O 口使用。单片机 ADC 由多路开关、比较器、逐次比较寄存器、10 位 DAC、转换结果寄存器以及 ADC＿CONTER 构成。该单片机的 ADC 是逐次比较型 ADC。逐次比较型 ADC 由一个比较器和 D/A 转换器构成，通过逐次比较逻辑，从最高位(MSB)开始，顺序地对每一输入电压与内置 D/A 转换器输出进行比较，经过多次比较，使转换所得的数字量逐次逼近输入模拟量对应值。逐次比较型 A/D 转换器具有速度高，功耗低等优点。需作为 AD 使用的口先将 P1ASF 特殊功能寄存器中的相应位置为"1"，将相应的口设置为模拟功能。

（3）闪光魔术棒电路原理。

图 7.46 所示闪光魔术棒扫描显示原理图。闪光魔术棒电路原理如图 7.47 所示。闪光魔术棒电路由 STC12C5A60S2 单片机、LED1～LED16 发光二极管、扫描起

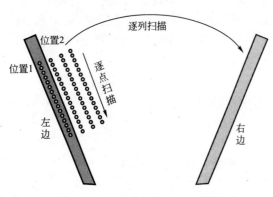

图7.46 闪光魔术棒扫描显示原理图

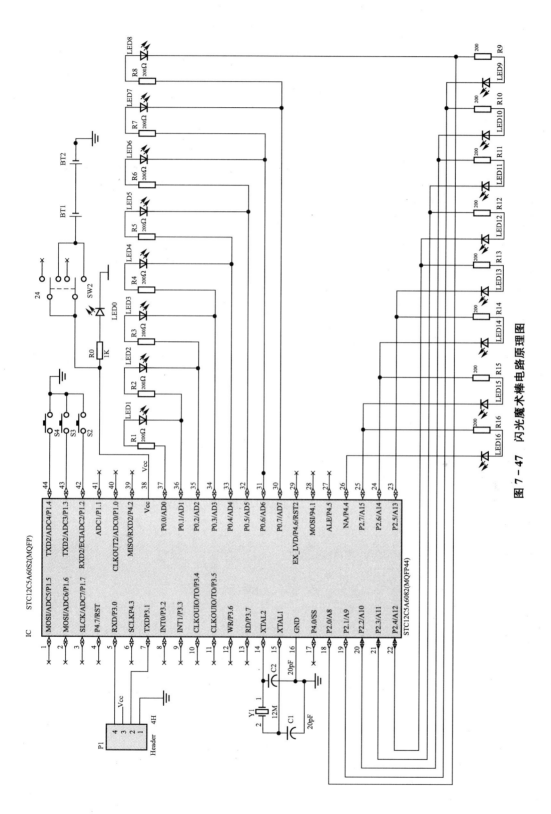

图 7 - 47 闪光魔术棒电路原理图

始和终止位置开关 S2，S3、字幕切换开关 S4、CR2032 电池 BT1，BT2 等组成。P1 为和计算机连接的四针接口，用于下载程序。由于单片机的驱动电流有限，为了简化电路，采用单片机的接口推挽驱动发光二极管，P0、P2、P4 采用强推方式，LED1～LED16 发光二极管分别由 P0.0～P0.7、P2.0～P2.7 和 P4.4 驱动。

图 7-48 和图 7-49 分别为闪光魔术棒焊接面和顶面 PCB 图。

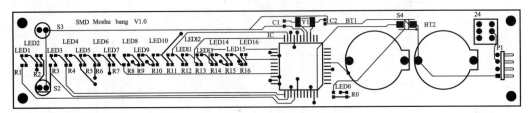

图 7.48　闪光魔术棒 PCB 图(焊接面)

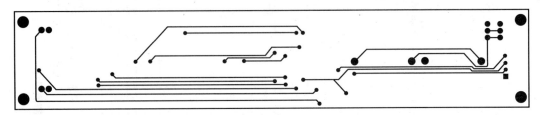

图 7.49　闪光魔术棒 PCB 图(顶面)

2) 闪光魔术棒的编程设计

附：程序清单如下。

```
/***********************************************************
说明:
V1 正式版
# 采用 STC 增强型单片机。
***********************************************************/
# include<STC12C5A60S2.H>//单片机头文件
unsigned char MENU;
# define DY_DELAY    20 //设置每一个点显示的时间长度(1~ 20)
sbit KEY1=P1^2; //摇动水银开关
sbit KEY2=P1^3;
sbit KEY3=P1^4; //菜单选择键

sbit LED1=P0^1; //LED 灯定义, 低电平时亮(自上到下)
sbit LED2=P0^2;
sbit LED3=P0^3;
sbit LED4=P0^4;
sbit LED5=P0^5;
sbit LED6=P0^6;
sbit LED7=P0^7;
sbit LED8=P2^0;
```

```
sbit LED9=P2^1;
sbit LED10=P2^2;
sbit LED11=P2^3;
sbit LED12=P2^4;
sbit LED13=P2^5;
sbit LED14=P2^6;
sbit LED15=P2^7;
sbit LED16=P4^4;


/*******************************************************************
*********/
unsigned char code logo [] ={                    //"成功啦！太给力!"(取码:从上到下从左
到右,纵向 8 位下高位)
    //"成",
    0x00, 0x40, 0x00, 0x20, 0xF8, 0x1F, 0x88, 0x00,
        0x88, 0x08, 0x88, 0x10, 0x88, 0x0F, 0x08, 0x40,
        0x7F, 0x20, 0x88, 0x13, 0x0A, 0x1C, 0x0C, 0x24,
        0x08, 0x43, 0xC8, 0x80, 0x00, 0xF0, 0x00, 0x00,

    //"功",
    0x08, 0x08, 0x08, 0x18, 0x08, 0x08, 0xF8, 0x0F,
        0x0C, 0x84, 0x28, 0x44, 0x20, 0x20, 0x20, 0x1C,
        0xFF, 0x03, 0x20, 0x20, 0x20, 0x40, 0x20, 0x80,
        0x20, 0x40, 0xF0, 0x3F, 0x20, 0x00, 0x00, 0x00,

    //"啦",
    0x00, 0x00, 0xFC, 0x1F, 0x04, 0x08, 0xFC, 0x1F,
        0x08, 0x42, 0x08, 0x82, 0xFF, 0x7F, 0x88, 0x40,
        0x48, 0x40, 0xE8, 0x43, 0x09, 0x5C, 0x0E, 0x40,
        0x08, 0x5E, 0xEC, 0x41, 0x08, 0x40, 0x00, 0x00,
    // - ! - ,
    0x00, 0x00, 0x00, 0x00, 0x38, 0x00, 0xFC, 0x0D,
        0xFC, 0x0D, 0x38, 0x00, 0x00, 0x00, 0x00, 0x00,

    //"太",
    0x20, 0x40, 0x20, 0x40, 0x20, 0x20, 0x20, 0x20,
        0x20, 0x10, 0x20, 0x0C, 0x20, 0x0B, 0xFF, 0x30,
        0x20, 0x03, 0x20, 0x0C, 0x20, 0x10, 0x20, 0x10,
        0x20, 0x20, 0x30, 0x60, 0x20, 0x20, 0x00, 0x00,

    //"给",
    0x20, 0x22, 0x30, 0x67, 0xAC, 0x22, 0x63, 0x12,
        0x30, 0x12, 0x40, 0x00, 0xA0, 0xFC, 0x90, 0x44,
        0x8C, 0x44, 0x83, 0x44, 0x8C, 0x44, 0x90, 0x44,
```

```
        0xA0,0xFE,0x60,0x04,0x20,0x00,0x00,0x00,

//"力",
0x00,0x00,0x10,0x80,0x10,0x80,0x10,0x80,
        0x10,0x60,0x10,0x18,0xFF,0x07,0x10,0x00,
        0x10,0x20,0x10,0x40,0x10,0x80,0x10,0x40,
        0xF8,0x3F,0x10,0x00,0x00,0x00,0x00,0x00,
// - ! - ,
0x00,0x00,0x00,0x00,0x38,0x00,0xFC,0x0D,
        0xFC,0x0D,0x38,0x00,0x00,0x00,0x00,0x00
};
/*****************************************************************
********/
unsigned char code logo1[]={                    //"应用电子一班"(取码:从上到下从左到右,
纵向8位下高位)
//"应",
        0x00,0x00,0x00,0x80,0x00,0x70,0xFE,0x3F,
        0xFC,0x4F,0x84,0x40,0x04,0x43,0x24,0x5E,
        0xC5,0x48,0x87,0x43,0x06,0x61,0x04,0x58,
        0x04,0x4F,0xE4,0x43,0xC6,0x60,0x04,0x40,

//"用",
        0x00,0x00,0x00,0x80,0x00,0x70,0xFF,0x3F,
        0xFE,0x0F,0x22,0x02,0x22,0x02,0x22,0x02,
        0xFE,0x7F,0xFE,0x3F,0x22,0x02,0x22,0x42,
        0x22,0x42,0xFE,0xFF,0xFF,0x7F,0x02,0x00,

//"电",
        0x00,0x00,0x00,0x00,0xF8,0x0F,0xF0,0x07,
        0x90,0x04,0x90,0x04,0x90,0x04,0xFF,0x7F,
        0xFE,0xFF,0x90,0xC4,0x90,0xC4,0x90,0xC4,
        0xF0,0xCF,0xF8,0xC7,0x10,0xF0,0x00,0x40,

//"子",
        0x00,0x00,0x80,0x00,0x80,0x00,0x80,0x00,
        0x82,0x00,0x82,0x00,0x82,0x40,0x82,0x40,
        0xE2,0xFF,0xF2,0x7F,0x9A,0x00,0x8E,0x00,
        0x87,0x00,0x82,0x00,0xC0,0x00,0x80,0x00,

//"一", 0x80,0x00,0x80,0x00,0x80,0x00,0x80,0x00,
        0x80,0x00,0x80,0x00,0x80,0x00,0x80,0x00,
        0x80,0x00,0x80,0x00,0x80,0x00,0x80,0x00,
        0x80,0x00,0xC0,0x00,0x80,0x00,0x00,0x00,
//"班",
```

```
       0x00, 0x00, 0x84, 0x20, 0x84, 0x60, 0xFC, 0x3F,
       0xFC, 0xBF, 0x86, 0x50, 0xE4, 0x69, 0xC0, 0x38,
       0xFF, 0x1F, 0xFE, 0x47, 0x84, 0x40, 0x84, 0x40,
       0xFC, 0x7F, 0xFC, 0x7F, 0x86, 0x40, 0x84, 0x40
   };
   /*******************************************************************
********/
   unsigned char code logo2[]={                    // "别迷恋哥只是传说" (取码：从上到下从左
到右，纵向8位下高位)


   //"别",
   0x00, 0x01, 0x00, 0x41, 0x7E, 0x21, 0x22, 0x19,
       0xE2, 0x07, 0x22, 0x21, 0x22, 0x41, 0xBF, 0x3F,
       0x02, 0x01, 0x00, 0x00, 0xF8, 0x0F, 0x00, 0x40,
       0x00, 0x80, 0xFF, 0x7F, 0x00, 0x00, 0x00, 0x00,


   //"迷",
   0x40, 0x80, 0x42, 0x40, 0x44, 0x20, 0xCC, 0x1F,
       0x00, 0x20, 0x40, 0x48, 0x44, 0x84, 0x48, 0x83,
       0x40, 0x80, 0xFF, 0xBF, 0x40, 0x81, 0x48, 0x82,
       0x44, 0x8C, 0x60, 0xC0, 0x40, 0x40, 0x00, 0x00,


   //"恋",
   0x04, 0x00, 0x04, 0x21, 0x84, 0x1C, 0x44, 0x00,
       0x34, 0x3C, 0xFC, 0x41, 0x05, 0x42, 0x06, 0x4C,
       0x04, 0x40, 0xFC, 0x41, 0x14, 0x78, 0x24, 0x04,
       0x64, 0x08, 0xC6, 0x30, 0x04, 0x00, 0x00, 0x00,


   //"哥",
   0x80, 0x00, 0x81, 0x00, 0x81, 0x00, 0xBD, 0x3E,
       0xA5, 0x12, 0xA5, 0x12, 0xA5, 0x12, 0xA5, 0x12,
       0xBD, 0x1E, 0x81, 0x40, 0x81, 0x80, 0xFF, 0x7F,
       0x81, 0x00, 0xC1, 0x00, 0x80, 0x00, 0x00, 0x00,
   //"只",
   0x00, 0x00, 0x00, 0x80, 0x00, 0x40, 0xFC, 0x23,
       0x04, 0x11, 0x04, 0x19, 0x04, 0x01, 0x04, 0x01,
       0x04, 0x01, 0x04, 0x09, 0x04, 0x11, 0xFE, 0x23,
       0x04, 0x60, 0x00, 0xC0, 0x00, 0x00, 0x00, 0x00,


   //"是",
   0x00, 0x01, 0x00, 0x81, 0x00, 0x41, 0x00, 0x21,
       0x7F, 0x1D, 0x49, 0x21, 0x49, 0x41, 0x49, 0x7F,
       0x49, 0x89, 0x49, 0x89, 0x7F, 0x8D, 0x00, 0x89,
       0x00, 0x81, 0x80, 0xC1, 0x00, 0x41, 0x00, 0x00,
```

电子产品生产工艺与管理

```
//"传",
0x80, 0x00, 0x40, 0x00, 0x20, 0x00, 0xF8, 0xFF,
      0x47, 0x00, 0x48, 0x00, 0x48, 0x02, 0x48, 0x0B,
      0xC8, 0x12, 0x7F, 0x62, 0x48, 0xD2, 0x48, 0x0A,
      0x4C, 0x06, 0x68, 0x02, 0x40, 0x00, 0x00, 0x00,

//"说",
0x40, 0x00, 0x40, 0x00, 0x42, 0x00, 0xCC, 0x7F,
      0x00, 0x20, 0x00, 0x90, 0xF2, 0x43, 0x14, 0x31,
      0x18, 0x0F, 0x10, 0x01, 0x18, 0x3F, 0x14, 0x41,
      0xF2, 0x43, 0x00, 0x40, 0x00, 0x70, 0x00, 0x00
};
/*********************************************************************
********/
    unsigned char code logo3[]={                    //"神马都是浮云!"(取码:从上到下从左到
右,纵向8位下高位)
    //"神",
      0x00, 0x00, 0x08, 0x02, 0x89, 0x01, 0xEF, 0xFF,
      0xFA, 0x7F, 0xDC, 0x00, 0x88, 0x01, 0xFC, 0x07,
      0xF8, 0x03, 0x48, 0x02, 0xFF, 0xFF, 0xFF, 0x7F,
      0x48, 0x02, 0xF8, 0x07, 0xFC, 0x03, 0x08, 0x00,

    //"马",
      0x00, 0x00, 0x00, 0x08, 0x00, 0x08, 0x02, 0x08,
      0x82, 0x08, 0xFE, 0x09, 0xFE, 0x08, 0x82, 0x08,
      0x82, 0x08, 0x82, 0x08, 0xFE, 0x4C, 0xFF, 0x48,
      0x82, 0xE0, 0x80, 0x7F, 0xC0, 0x1F, 0x80, 0x00,

    //"都",
0x00, 0x00, 0x40, 0x08, 0x48, 0x06, 0x48, 0xFF,
      0xFF, 0x7F, 0xFE, 0x4A, 0x68, 0x4A, 0x78, 0xFE,
      0x5C, 0x7F, 0x48, 0x02, 0xFE, 0xFF, 0xFC, 0xFF,
      0x84, 0x10, 0x7C, 0x3F, 0x3E, 0x1E, 0x04, 0x00,

    //"是",
0x00, 0x00, 0x80, 0x80, 0x80, 0x60, 0x80, 0x38,
      0xFF, 0x0F, 0xBE, 0x1A, 0xAA, 0x30, 0xAA, 0x20,
      0xAA, 0x7F, 0xAA, 0x7F, 0xAA, 0x44, 0xFE, 0xC4,
      0xBF, 0xC6, 0x82, 0xC4, 0xC0, 0xC0, 0x80, 0x40,

    //"浮",
0x00, 0x00, 0x10, 0x04, 0xE1, 0x78, 0xCE, 0xF8,
      0x0C, 0x1E, 0x80, 0x03, 0x1C, 0x04, 0x74, 0x04,
      0x44, 0x24, 0x5E, 0x44, 0x76, 0xFF, 0x42, 0x7F,
```

212

```
0xF3, 0x05, 0xDF, 0x04, 0x4A, 0x06, 0x00, 0x04,

//"云",
0x00, 0x00, 0x40, 0x00, 0x40, 0x40, 0x42, 0xE0,
      0x42, 0x78, 0x42, 0x6C, 0x42, 0x67, 0xC2, 0x63,
      0xC2, 0x20, 0x42, 0x21, 0x42, 0x26, 0x43, 0x3C,
      0x42, 0xF8, 0x40, 0x60, 0x60, 0x00, 0x40, 0x00,
// - ! - ,
0x00, 0x00, 0x00, 0x00, 0x38, 0x00, 0xFC, 0x0D,
      0xFC, 0x0D, 0x38, 0x00, 0x00, 0x00, 0x00, 0x00

};
/****************************************************************
********/
    unsigned char code logo4[]={                //"我爸是李刚!(取码:从上到下从左到右,纵
向8位下高位)
    //"我",
    0x00, 0x00, 0x20, 0x04, 0x24, 0x4C, 0x24, 0x46,
          0xFE, 0xFF, 0xFE, 0x7F, 0x23, 0x01, 0xA2, 0x40,
          0x20, 0x20, 0xFF, 0x31, 0xFE, 0x1F, 0x20, 0x1C,
          0x23, 0x37, 0xEE, 0x63, 0xA4, 0xC0, 0x00, 0xF0,

    //"爸",
    0x00, 0x00, 0x80, 0x00, 0x48, 0x00, 0xC4, 0x7F,
          0xE6, 0xFF, 0xA3, 0xC4, 0xB5, 0xC4, 0x9C, 0xC7,
          0x88, 0xC7, 0x9C, 0xC4, 0x95, 0xC4, 0xB3, 0xCF,
          0xE6, 0xC7, 0x6E, 0xF0, 0xC4, 0x40, 0x40, 0x00,
    //"是",
    0x00, 0x00, 0x80, 0x80, 0x80, 0x60, 0x80, 0x38,
          0xFF, 0x0F, 0xBE, 0x1A, 0xAA, 0x30, 0xAA, 0x20,
          0xAA, 0x7F, 0xAA, 0x7F, 0xAA, 0x44, 0xFE, 0xC4,
          0xBF, 0xC6, 0x82, 0xC4, 0xC0, 0xC0, 0x80, 0x40,

    //"李",
    0x00, 0x00, 0x00, 0x01, 0x88, 0x08, 0xC8, 0x08,
          0x68, 0x08, 0x38, 0x09, 0x18, 0x49, 0xFF, 0x49,
          0xFE, 0xFD, 0x18, 0x7F, 0xB8, 0x0B, 0x68, 0x09,
          0xC8, 0x08, 0x8C, 0x0C, 0x88, 0x09, 0x80, 0x00,

    //"刚",
    0x00, 0x00, 0xFE, 0xFF, 0x32, 0x08, 0xC2, 0x06,
          0x02, 0x01, 0xC2, 0x42, 0x32, 0x8C, 0xFF, 0x7F,
          0x02, 0x00, 0x00, 0x00, 0xF8, 0x0F, 0x00, 0x40,
          0x00, 0x80, 0xFF, 0x7F, 0x00, 0x00, 0x00, 0x00,
```

```
// - ! - ,
0x00, 0x00, 0x00, 0x00, 0x38, 0x00, 0xFC, 0x0D,
     0xFC, 0x0D, 0x38, 0x00, 0x00, 0x00, 0x00, 0x00
};
/*************************************************************
********/
unsigned char code logo5[]={                    //"爸妈我爱你们！（取码：从上到下从左到右，
纵向 8 位下高位)
//"爸",
0x00, 0x01, 0x00, 0x01, 0x88, 0x00, 0x88, 0x7F,
     0x44, 0x89, 0x47, 0x89, 0x28, 0x89, 0x10, 0x8F,
     0x28, 0x89, 0x45, 0x89, 0x42, 0x89, 0x84, 0x9F,
     0x8C, 0x80, 0x00, 0xE1, 0x00, 0x01, 0x00, 0x00,
//"妈",
0x00, 0x01, 0x00, 0x01, 0x88, 0x00, 0x88, 0x7F,
     0x44, 0x89, 0x47, 0x89, 0x28, 0x89, 0x10, 0x8F,
     0x28, 0x89, 0x45, 0x89, 0x42, 0x89, 0x84, 0x9F,
     0x8C, 0x80, 0x00, 0xE1, 0x00, 0x01, 0x00, 0x00,
//"我",
0x10, 0x40, 0x10, 0x22, 0xF0, 0x15, 0x1F, 0x08,
     0x10, 0x14, 0xF0, 0x63, 0x02, 0x08, 0xFA, 0x09,
     0x02, 0x09, 0x02, 0x09, 0x02, 0x4D, 0xFF, 0x89,
     0x02, 0x41, 0x80, 0x3F, 0x00, 0x01, 0x00, 0x00,
//"爱",
0x10, 0x40, 0x10, 0x22, 0xF0, 0x15, 0x1F, 0x08,
     0x10, 0x14, 0xF0, 0x63, 0x02, 0x08, 0xFA, 0x09,
     0x02, 0x09, 0x02, 0x09, 0x02, 0x4D, 0xFF, 0x89,
     0x02, 0x41, 0x80, 0x3F, 0x00, 0x01, 0x00, 0x00,
//"你",
0x20, 0x00, 0x24, 0x08, 0x24, 0x48, 0x24, 0x84,
     0xFE, 0x7F, 0x23, 0x02, 0x22, 0x21, 0x20, 0x10,
     0xFF, 0x09, 0x20, 0x06, 0x22, 0x1A, 0xAC, 0x61,
     0x20, 0x80, 0x30, 0xE0, 0x20, 0x00, 0x00, 0x00,
//"们",
0x40, 0x00, 0x20, 0x00, 0xF8, 0xFF, 0x07, 0x00,
     0x40, 0x00, 0x20, 0x08, 0x18, 0x04, 0x0F, 0x43,
     0x08, 0x80, 0xC8, 0x7F, 0x08, 0x00, 0x08, 0x01,
     0x28, 0x06, 0x18, 0x0C, 0x00, 0x00, 0x00, 0x00,
// - ! - ,
0x00, 0x00, 0x00, 0x00, 0x38, 0x00, 0xFC, 0x0D,
     0xFC, 0x0D, 0x38, 0x00, 0x00, 0x00, 0x00, 0x00
};
/*************************************************************
********/
```

```
unsigned char code logo6[]={                //就像老鼠爱大米！(取码:从上到下从左到
右,纵向 8 位下高位)
    //"就",
    0x08,0x20,0x08,0x10,0xE8,0x4B,0x29,0x82,
        0x2A,0x7E,0x28,0x02,0xEC,0x8B,0x28,0x50,
        0x20,0x20,0xFF,0x1F,0x20,0x00,0xA2,0x3F,
        0x24,0x40,0x30,0x40,0x20,0x70,0x00,0x00,

    //"像",
    0x80,0x00,0x40,0x00,0x20,0x00,0xF8,0xFF,
        0x17,0x00,0x38,0x25,0x2C,0x25,0xAB,0x14,
        0x6A,0x52,0xBA,0x89,0x2E,0x7F,0x2A,0x06,
        0x28,0x09,0xBC,0x10,0x08,0x10,0x00,0x00,

    //"老",
    0x40,0x40,0x40,0x20,0x48,0x10,0x48,0x08,
        0x48,0x04,0x48,0x7E,0x7F,0x91,0xC8,0x90,
        0x4C,0x88,0x68,0x88,0x50,0x84,0x48,0x86,
        0x4C,0x80,0x60,0xE0,0x40,0x00,0x00,0x00,

    //"鼠",
    0x00,0x40,0xBE,0x7F,0x2A,0x20,0xAA,0x24,
        0x29,0x09,0x29,0x40,0xE0,0x7F,0x22,0x20,
        0xAA,0x24,0x2A,0x09,0x2A,0x00,0xAA,0x1F,
        0x3F,0x60,0x02,0x80,0x00,0xE0,0x00,0x00,
    //"爱",
    0x40,0x00,0xB0,0x00,0x92,0x40,0x96,0x30,
        0x9A,0x8C,0x92,0x83,0xF2,0x46,0x9E,0x2A,
        0x92,0x12,0x91,0x2A,0x99,0x26,0x95,0x42,
        0x91,0xC0,0x50,0x40,0x30,0x00,0x00,0x00,

    //"大",
    0x20,0x00,0x20,0x40,0x20,0x40,0x20,0x20,
        0x20,0x10,0x20,0x0C,0xA0,0x03,0x7F,0x00,
        0xA0,0x01,0x20,0x06,0x20,0x08,0x20,0x10,
        0x20,0x20,0x30,0x60,0x20,0x20,0x00,0x00,

    //"米",
    0x40,0x20,0x40,0x20,0x42,0x10,0x44,0x08,
        0x4C,0x04,0x58,0x02,0xC0,0x01,0xFF,0xFF,
        0x40,0x01,0x50,0x02,0x48,0x04,0x44,0x08,
        0x46,0x10,0x60,0x30,0x40,0x10,0x00,0x00,
    // - ! - ,
    0x00,0x00,0x00,0x00,0x38,0x00,0xFC,0x0D,
```

```
    0xFC,0x0D,0x38,0x00,0x00,0x00,0x00,0x00

};


/********************************************************************
********/

unsigned char code logo7[]={    //农妇山泉有点田
//"农",
0x10,0x10,0x0C,0x08,0x04,0x04,0x04,0x02,
      0x04,0xFF,0x84,0x40,0x64,0x20,0x9F,0x01,
      0x04,0x06,0x04,0x0A,0x04,0x11,0x84,0x10,
      0xC4,0x20,0x14,0x60,0x0C,0x20,0x00,0x00,

//"妇",
0x10,0x40,0x10,0x22,0xF0,0x15,0x1F,0x08,
      0x10,0x16,0xF0,0x61,0x08,0x20,0x08,0x21,
      0x08,0x21,0x08,0x21,0x08,0x21,0x08,0x21,
      0x08,0x21,0xFC,0x7F,0x08,0x00,0x00,0x00,

//"山",
0x00,0x00,0xF0,0x7F,0x00,0x20,0x00,0x20,
      0x00,0x20,0x00,0x20,0x00,0x20,0xFF,0x3F,
      0x00,0x20,0x00,0x20,0x00,0x20,0x00,0x20,
      0x00,0x20,0xF0,0x7F,0x00,0x00,0x00,0x00,

//"泉",
0x00,0x40,0x00,0x42,0x00,0x22,0xFE,0x12,
      0x92,0x0A,0x92,0x46,0x93,0x80,0x92,0x7F,
      0x92,0x02,0x92,0x04,0x92,0x08,0xFF,0x14,
      0x02,0x22,0x00,0x63,0x00,0x20,0x00,0x00,

//"有",
0x04,0x04,0x04,0x02,0x04,0x01,0x84,0x00,
      0xE4,0xFF,0x3C,0x09,0x27,0x09,0x24,0x09,
      0x24,0x09,0x24,0x49,0x24,0x89,0xF4,0x7F,
      0x24,0x00,0x06,0x00,0x04,0x00,0x00,0x00,

//"点",
0x00,0x80,0x00,0x40,0xC0,0x37,0x40,0x04,
      0x40,0x14,0x40,0x64,0x7F,0x04,0x48,0x14,
      0x48,0x24,0x48,0x64,0x48,0x04,0xE8,0x17,
      0x4C,0x20,0x08,0xC0,0x00,0x00,0x00,0x00,

//"田",
```

```
0x00,0x00,0x00,0x00,0xFE,0x7F,0x82,0x20,
      0x82,0x20,0x82,0x20,0x82,0x20,0xFE,0x3F,
      0x82,0x20,0x82,0x20,0x82,0x20,0x82,0x20,
      0xFF,0x7F,0x02,0x00,0x00,0x00,0x00,0x00
};
/*********************************************************************
*****
```

函数名:LED 显示用延时函数

调用:delay (?);

参数:1~65535(参数不可为 0)

返回值:无

结果:占用 CPU 方式延时与参数数值相同的毫秒时间

备注:应用于 1T 单片机时 i<600,应用于 12T 单片机时 i<125

```
*************************************************************/
void delay (unsigned int a)   {   //用于点扫描的延时
unsigned int i;
while ( --a!=0) {
      for(i=0;i<1;i++);
}
}
/***********************************************************
```

函数名: 毫秒级 CPU 延时函数

调用: DELAY_MS (?);

参数: 1~65535(参数不可为 0)

返回值: 无

结果: 占用 CPU 方式延时与参数数值相同的毫秒时间

备注: 应用于 1T 单片机时 i<600,应用于 12T 单片机时 i<125

```
*************************************************************/
void DELAY_MS (unsigned int a){
    unsigned int i;
    while( --a!=0){
        for(i=0;i<600;i++);
    }
}
/***********************************************************
```

函数名:关闭所有 LED 灯(操作硬件)

调用:DELAY_OFF ( );

参数: 无

返回值: 无

结果: 所有 LED 灯熄灭

备注:

```
*************************************************************/
```

```
void DISPLAY_OFF (void){
    delay(DY_DELAY);//显示停留
    P0=0xff;
    P2=0xff;
    P4=0xff;
}
```

/***

函数名:单帧数据送入显示(操作硬件)

调用:DISPLAY_PIN (?,?);

参数:16位显示数据(下高位)(d:上面8位,e:下面8位)

返回值:无

结果:点亮对应数据的LED灯

备注:

***/

```
void DISPLAY_PIN(unsigned char d,unsigned char e){   //第1列横向显示
unsigned char i;
i=d & 0x01;
if(i==0x01) {LED1=0;} DISPLAY_OFF();
i=d & 0x02;
if(i==0x02) {LED2=0;} DISPLAY_OFF();
i=d & 0x04;
if(i==0x04) {LED3=0;} DISPLAY_OFF();
i=d & 0x08;
if(i==0x08) {LED4=0;} DISPLAY_OFF();
i=d & 0x10;
if(i==0x10) {LED5=0;} DISPLAY_OFF();
i=d & 0x20;
if(i==0x20) {LED6=0;} DISPLAY_OFF();
i=d & 0x40;
if(i==0x40) {LED7=0;} DISPLAY_OFF();
i=d & 0x80;
if(i==0x80) {LED8=0;} DISPLAY_OFF();

i=e & 0x01;
if(i==0x01) {LED9=0;} DISPLAY_OFF();
i=e & 0x02;
if(i==0x02) {LED10=0;} DISPLAY_OFF();
i=e & 0x04;
if(i==0x04) {LED11=0;} DISPLAY_OFF();
i=e & 0x08;
if(i==0x08) {LED12=0;} DISPLAY_OFF();
i=e & 0x10;
if(i==0x10) {LED13=0;} DISPLAY_OFF();
i=e & 0x20;
```

```
if(i==0x20) {LED14=0;} DISPLAY_OFF();
i=e & 0x40;
if(i==0x40) {LED15=0;} DISPLAY_OFF();
i=e & 0x80;
if(i==0x80) {LED16=0;} DISPLAY_OFF();
}
```

/***

****

函数名:初始化程序

调用:init ();

参数:无

返回值:无

结果:设计 I/O 口为强推方式并全部置 1

备注:无

****

*******/

```
void init (void)   {
    P4SW=0xff;//启动 P4 接口
    P0M0=0Xff;//接口设置为强推
    P2M0=0xff;
    P4M0=0xff;
    P1=0xff;   //初始 I/O 接口状态
    P0=0xff;
    P2=0xff;
    P4=0xff;
}
/***********************************************************
/***********************************************************
```

函数名:主函数

调用:无

参数:无

返回值:无

结果:程序开始处,无限循环

备注:无

****

*******/

```
void main (void)   {
unsigned char a,c;
init();//初始程序
while(1){
    if(MENU>7){
        MENU=0;
```

```
   }
   if(MENU==0){   //字幕 1;
   if(KEY2==0 ) {
     DELAY_MS(20);
     while(KEY2==0);
     c=0;
     for(a=1;a<112;a++){    //这里的"112"是这个字幕需要扫描的列数=字数 x16.
        DISPLAY_PIN(logo[c],logo[c+ 1]);   //"LOGO"是第一字幕的数据表名
        c=c+ 2;        //产生显示行移位
     }
   }
   if(KEY1==0){
      DELAY_MS(20);
      while(KEY1==0);
      c=222;//此次的数值为"112*2-2"
      for(a=1;a<96;a++){
         DISPLAY_PIN (logo[c],logo[c+1]);
         c=c- 2;//产生显示行移位
      }
   }
   if(KEY3==0) {
      DELAY_MS(20);
      while(KEY3==0);
      MENU++;
   }
   }

   if(MENU==1){   //字幕 2;
   if(KEY2==0 ) {
     DELAY_MS(20);
     while(KEY2==0);
     c=0;
     for(a=1;a<96;a++){
        DISPLAY_PIN(logo1[c],logo1[c+ 1]);   //"LOGO"是第 2 字幕的数据表名
        c=c+ 2;        //产生显示行移位
     }
   }
   if(KEY1==0){
      DELAY_MS(20);
      while(KEY1==0);
      c=190;
      for(a=1;a<96;a++){
      DISPLAY_PIN (logo1[c],logo1[c+1]);
      c=c- 2;
```

```
        }
    }
    if(KEY3==0) {
        DELAY_MS(20);
        while(KEY3==0);
        MENU++;
    }
}
if(MENU==2){   //字幕3;
    if(KEY2==0 ) {
        DELAY_MS(20);
        while(KEY2==0);
        c=0;
        for(a=1;a<128;a++){
            DISPLAY_PIN(logo2[c],logo2[c+ 1]);   //"LOGO"是第3字幕的数据表名
            c=c+2;       //产生显示行移位
        }
    }
    if(KEY1==0){
        DELAY_MS(20);
        while(KEY1==0);
        c=254;
        for(a=1;a<128;a++){
            DISPLAY_PIN (logo2[c],logo2[c+1]);
            c=c-2;
        }
    }
    if(KEY3==0) {
        DELAY_MS(20);
        while(KEY3==0);
        MENU++;
    }
}
if(MENU==3){   //字幕4;
    if(KEY2==0 ) {
        DELAY_MS(20);
        while(KEY2==0);
        c=0;
        for(a=1;a<104;a++){
            DISPLAY_PIN(logo3[c],logo3[c+1]);   //"LOGO"是第4字幕的数据表名
            c=c+2;          //产生显示行移位
        }
    }
    if(KEY1==0){
```

```
DELAY_MS(20);
while(KEY1==0);
c=206;
for(a=1;a<104;a++){
    DISPLAY_PIN (logo3[c],logo3[c+1]);
    c=c-2;//产生显示行移位
}
}
if(KEY3==0) {
    DELAY_MS(20);
    while(KEY3==0);
    MENU++;
}
}
if(MENU==4){   //字幕 5;
    if(KEY2==0 ) {
    DELAY_MS(20);
    while(KEY2==0);
    c=0;
    for(a=1;a<88;a++){
        DISPLAY_PIN(logo4[c],logo4[c+1]);   //"LOGO"是第 5 字幕的数据表名
        c=c+2;          //产生显示行移位
    }
    }
    if(KEY1==0){
        DELAY_MS(20);
        while(KEY1==0);
        c=174;
        for(a=1;a<88;a++){
            DISPLAY_PIN (logo4[c],logo4[c+1]);
            c=c-2;//产生显示行移位
        }
    }
    if(KEY3==0) {
        DELAY_MS(20);
        while(KEY3==0);
        MENU++;
    }
    }
if(MENU==5){ //字幕 6;
    if(KEY2==0 ) {
    DELAY_MS(20);
    while(KEY2==0);
    c=0;
```

```
        for(a=1;a<120;a++){
            DISPLAY_PIN(logo5[c],logo5[c+1]);  //"LOGO"是第6字幕的数据表名
            c=c+2;      //产生显示行移位
        }
    }
    if(KEY1==0){
        DELAY_MS(20);
        while(KEY1==0);
        c=238;
        for(a=1;a<120;a++){
            DISPLAY_PIN (logo5[c],logo5[c+1]);
            c=c-2;//产生显示行移位
        }
    }
    if(KEY3==0) {
        DELAY_MS(20);
        while(KEY3==0);
        MENU++;
    }
}
if(MENU==6){  //字幕7;
    if(KEY2==0 ) {
        DELAY_MS(20);
        while(KEY2==0);
        c=0;
        for(a=1;a<120;a++){
            DISPLAY_PIN(logo6[c],logo6[c+1]);  //"LOGO"是第7字幕的数据表名
            c=c+2;          //产生显示行移位
        }
    }
    if(KEY1==0){
        DELAY_MS(20);
        while(KEY1==0);
        c=238;
        for(a=1;al20;a++){
            DISPLAY_PIN (logo6[c],logo6[c+1]);
            c=c-2;//产生显示行移位
        }
    }
    if(KEY3==0) {
        DELAY_MS(20);
        while(KEY3==0);
        MENU++;
    }
```

```
    }
if(MENU==7){   //字幕 8;
    if(KEY2==0 ) {
        DELAY_MS(20);
        while(KEY2==0);
        c=0;
        for(a=1;a<112;a++){
            DISPLAY_PIN(logo7[c],logo7[c+ 1]);   //"LOGO"是第 8 字幕的数据表名
            c=c+ 2;       //产生显示行移位
        }
    }
    if(KEY1==0){
        DELAY_MS(20);
        while(KEY1==0);
        c=222;
        for(a=1;a<112;a++){
            DISPLAY_PIN (logo7[c],logo7[c+ 1]);
            c=c- 2;//产生显示行移位
        }
    }
    if(KEY3==0) {
        DELAY_MS(20);
        while(KEY3==0);
        MENU+ =+ =;
    }
  }
 }
}
```

3) 安装流程

安装流程如图 7.50 所示。

安装步骤及要求如下。

(1) 技术准备。

① 掌握半自动/全自动焊锡膏印刷机和自动贴片机的操作。

② 闪光魔术棒的原理。

③ 闪光魔术棒的程序下装步骤。

(2) 安装前检查。

① SMB 检查。对照闪光魔术棒 PCB 图检查：图形完整，有无短、断缺陷；孔位及尺寸；表面涂覆(阻焊层)。

② 元件检测：检测 4 针插头、水银开关、直插开关、CR2030 和电池座。

③ 贴片及焊接。

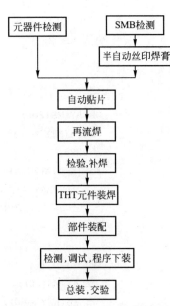

图 7.50　贴片闪光魔术棒的
焊接装配工艺流程

④ 按工序流程编制贴片程序。

⑤ 丝印焊膏，并检查印刷情况。

⑥ 再流焊机焊接。

⑦ 检查焊接质量及修补。

⑧ 上电检测，调试及程序下装。

⑨ 组装，调试。

4）程序下装步骤

由于现在大多数笔记本电脑都不配有 9 针
COM 端口，但 USB 口为标配。因此本项目选用
USB 转 TTL 编程下载板。图 7.51 为 USB 转
TTL 编程下载板实物图。

USB 转 TTL 编程下板插入计算机 USB 接
口，安装驱动程序。USB 转 TTL 编程下载板用
4 芯杜邦线与贴片闪光魔术棒连接下载。具体按
表 7－4 连接。

图 7.51　USB 转 TTL 编程下载板实物图

表 7－4　下载板与贴片闪光魔术棒连接对应表

下载板	功能	4 芯杜邦线颜色	魔术棒 P1 插座	功能	STC 单片机对应口	功能
VDD	电源	红色		电源	无连接	
T	发送数据端	黄色	4	接收数据端	P3.0	RxD
R	接收数据端	白色	2	发送数据端	P3.1	TxD
GND	地	蓝色	1	地	地	GND

（1）打开 STC 单片机的下载程序软件 STC＿ISP＿V488．exe，界面如图 7.52 所示。

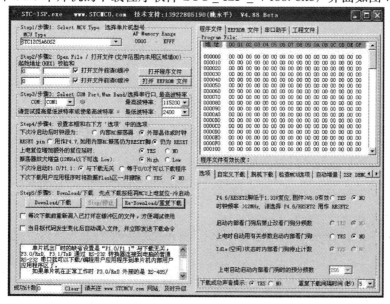

图 7.52　STC 单片机的下载程序软件界面

（2）单击 MCU Type 列表框中的 STC12C5A60S2 选项，如图 7.53 所示。

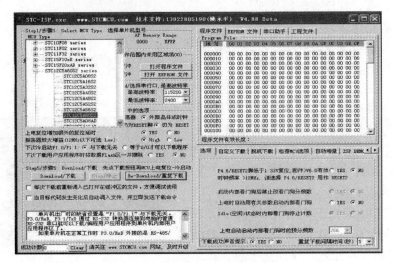

图 7.53　选择 STC12C5A60S2 选项

（3）在 COM 下拉列表框中选择 USB 转 TTL 编程下载板占用的端口，如图 7.54 所示。

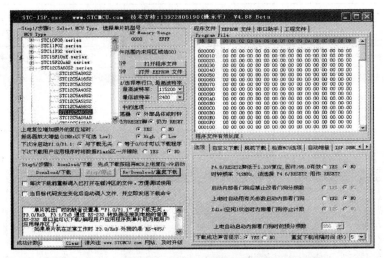

图 7.54　选择 USB 转 TTL 编程下板占用的端口

注意：要确认 USB 转 TTL 编程下载板占用的端口，可右击"我的电脑"图标，依次执行"属性"→"硬件"→"设备管理器"→"端口"命令查看，如图 7.55 所示。

在"最高波特率"下拉列表框中选择"9600"选项，如图 7.56 所示。选取低的波特率可减少下载的出错率。

其他按软件默认设置。

（4）单击"打开程序文件"按钮，载入编译好的文件 Moshubang.hex，如图 7.57 所示。

（5）首先打开 SW2，断开魔术棒电源，然后单击"Download/下载"按钮，最后关闭 SW2，打开魔术棒电源，此时程序开始下载到魔术棒，结束后断开魔术棒电源。

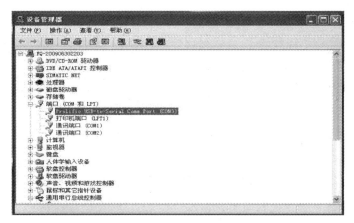

图 7.55　查看 USB 转 TTL 编程下板占用的端口

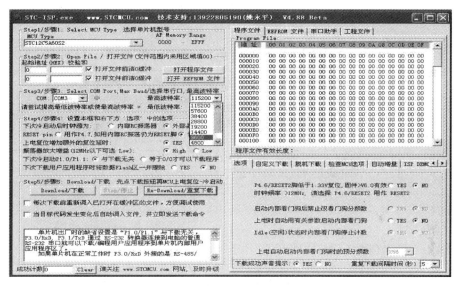

图 7.56　选择最高波特率

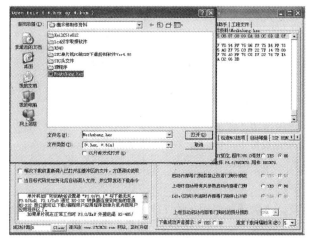

图 7.57　载入编译好的文件

4. 动手做做看

（1）观察实际印刷了焊膏的 PCB 板存在哪些缺陷，认真分析一下产生的原因并制定相应的措施。

（2）观察焊接完成的 PCB 板存在哪些贴片、焊接缺陷，认真分析一下产生的原因及制定相应的措施。

7.1.3 评价标准

本项目讲解了 SMT 贴片闪光魔术棒的制作焊接组装，介绍了自动表面贴装工艺（SMT）流程及自动表面贴装设备，通过 SMT 贴片闪光魔术棒的制作焊接组装任务的实践，使初学者能快速掌握自动表面贴装工艺（SMT）、SMD 的焊接及调试方法。自动表面贴装工艺流程评分标准见表 7-5。

表 7-5 自动表面贴装工艺（SMT）流程及焊接技术评分标准

任务三：SMT 贴片闪光魔术棒的焊接组装			组：		
项目	配分	考核要求	扣分标准	扣分记录	得分
任务一	60 分	（1）了解自动表面贴装工艺（SMT）流程	（1）不能说出自动表面贴装工艺（SMT）流程，每处扣 5 分		
		（2）能正确操作半自动焊锡膏印刷机	（2）不能正确操作半自动焊锡膏印刷机，每处扣 5 分		
		（3）能正确编译调试 SMT 贴片闪光魔术棒的程序	（3）不能正确编译调试 SMT 贴片闪光魔术棒的程序，每处扣 4 分		
		（4）能正确下载程序到 SMT 贴片闪光魔术棒的单片机	（4）不能正确下载程序到 SMT 贴片闪光魔术棒的单片机，每处扣 3 分		
		（5）能正确判断焊锡膏印刷的质量瑕疵	（5）不能正确判断焊锡膏印刷的质量瑕疵，每处扣 3 分		
		（6）能正确操作自动贴片机	（6）不能正确操作自动贴片机，扣 5 分		
		（7）能正确判断 SMT 焊接的质量缺陷	（7）不能正确判断 SMT 焊接的质量缺陷，扣 5 分		
安全、文明工作	20 分	（1）不迟到、早退、旷课	（1）不遵守考勤制度，每次扣 2~5 分		
		（2）保持环境整洁，秩序井然，操作习惯良好	（2）现场不整洁、工作不文明、团队不协作，扣 5 分		
		（3）小组成员协作和谐，工作态度正确	（3）人为损坏设备、元器件，扣 10 分		
		（4）无人为损坏仪器、元件和设备	（4）人为损坏仪器、元件和设备，扣 20 分		
总分：					

7.2任务二　表面贴装(SMT)作业指导书的编制

表面贴装(SMT)工艺文件是 SMD 电子产品的纲领性文件之一，在产品生产过程中有非常重要的作用。能正确读懂表面贴装(SMT)工艺文件，是对相关产品生产操作人员和生产管理人员的最基本要求。对于 SMD 电子产品的技术人员，不但要能读懂 SMT 工艺文件，而且要能编制相关的 SMT 工艺文件。

1. 准备工作

阅读相关资料，上网查阅电路框图、电路原理图、电路装配图、明细表、装配工艺卡、SMT 作业指导书等关键词的含义。

收集相关 SMT 电子产品设计文件与工艺文件并进行识读。

2. 任务内容

编制表面贴装(SMT)工艺作业指导书。

7.2.1　相关知识学习

1. 工艺文件与设计文件

工艺文件是企业组织生产、指导工人操作和用于生产、工艺管理等的各种技术文件的总称。它是产品加工、装配、检验的技术依据，也是企业组织生产、产品经济核算、质量控制和工人加工产品的前提。

工艺文件与设计文件同是指导手册文件，两者是从不同角度提出要求的。设计文件是原始文件，是生产的依据；而工艺文件是根据设计文件提出的加工方法，实现设计图纸上的产品要求，并以工艺规范和整机工艺图纸指导生产，是生产管理的依据。

工艺文件要根据产品的市场性质、生产类型、产品的复杂程度、重要性及生产的组织形式等进行编制。

2. (SMT)工艺作业指导书

表面贴装(SMT)工艺文件主要包括工艺文件封面、工艺文件目录、工艺流程表(图)、(SMT)工艺作业指导书、工艺文件更改通知单、装配工艺卡和工艺文件明细表等。

其中(SMT)工艺作业指导书是(SMT)工艺流程操作作业详细的指导性文件。

1) 什么是作业指导书

作业指导书是指为保证过程的质量而制订的程序。"过程"可理解为一组相关的具体作业活动(如 PCB 检验、点胶、贴片、调试、装配、完成某项培训)。

作业指导书也是一种程序，只不过其针对的对象是具体的作业活动，而程序文件描述的对象是某项系统性的质量活动。作业指导书有时也称为工作指导令或操作规范、操作规程、工作指引等。

2) 作业指导书的作用

作业指导书的作用是指导保证 SMT 生产过程质量，为开展纯技术性质量活动提供指导，是(SMT)工艺文件的支持性文件。

3) 作业指导书的种类

按发布形式可分为：书面作业指导书；口述作业指导书；计算机软件化的工作指令；音像化的工作指令。

按内容可分为：用于 SMT 生产过程、操作、检验、安装等具体过程的作业指导书；用于指导具体管理工作的各种工作细则、导则、计划和规章制度等；用于指导自动化程度高而操作相对独立的标准操作规范（例如：自动贴片机的操作规范）。

4) 作业指导书的内容和要求

(1) 基本要求。

作业指导书的内容应满足以下原则。

① 5W1H 原则。

任何作业指导书都须用不同的方式表达出以下内容。

When：即在什么时候使用此作业指导书。

Where：即在哪里使用此作业指导书。

Who：什么样的人使用该作业指导书。

What：此项作业的名称及内容是什么。

Why：此项作业的目的是干什么。

How：如何按步骤完成作业。

② "最好，最实际" 原则。

③ 最科学、最有效的方法。

④ 良好的可操作性和良好的综合效果。

作业指导书的数量应满足以下原则。

不一定每一个工位，每一项工作都需要成文的作业指导书。

"没有作业指导书就不能保证质量时" 才用作业指导书。

作业指导书的格式应满足：以满足生产要求为目的，不拘一格；简单、明了、可获唯一理解；美观、实用。

其他要求如下。

作业指导书的编写任务一般由具体部门承担。

明确编写目的是编写作业指导书的首要环节。

当作业指导书涉及其他过程(或工作)时，要认真处理好接口。

编写作业指导书时应吸收操作人员参与，并使他们清楚作业指导书的内容。

作业指导书应按规定的程序批准后才能执行，一般由部门负责人批准。

未经批准的作业指导书不能生效。

按规定的程序及时进行更改和更新。

3. (SMT)工艺作业指导书举例

红胶管制作业指导书，见表 7-6。

表 7－6 红胶管制作业指导书

产品类型	SPS 产品	工作名称	红胶管制	工作项次	S001F

作业动作说明	生产/安全注意事项

作业动作说明

1. 储存：

1.1 新购进红胶首先确认生产日期、有效日期及厂牌，包装无破损泄漏；并贴上编号标示。

1.2 红胶放置于冰箱中保存；并每天记录冰箱温度，填写于冰箱温度记录表，以保持红胶之活化性。

2. 使用：

2.1 依编号顺序使用以作先进先出之有效管理。

2.2 从冰箱中取出首先在常温下回温3～5h,点胶机使用前，红胶须脱泡 2～5min 后使用。

2.3 半自动印刷机使用前红胶不用脱泡。

2.4 产线未用完的红胶，室温环境下不得超过48h，未使用完的用原装瓶子装好，然后盖好，标明日期，再放入冰箱中保存，下次使用依"2.1"进行。

3. 处理废弃红胶：

用贴有标示"报废"字样的瓶子装需报废之红胶。

3.1 报废红胶前确认及处理方式：

3.1.1 确认保存日期是否已过有效期。

3.1.2 确认是否已用过之红胶超过 48h。

3.1.3 红胶报废按有机溶剂报废处理。

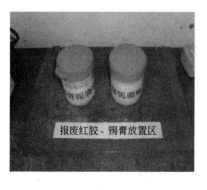

生产/安全注意事项

1. 红胶密封储存于冰箱控制温度为(5±3)℃。其有效期可保持 12 个月(红胶保质期内)。

2. 红胶自购入储存时起，即列入管制，任何的异动，都必须填写红胶使用记录表。

3. 新装瓶开封后用过的红胶超过 48h，一律报废处理。

4. 红胶管理记录：

冰箱温度记录表

红胶使用记录表

5. 通用作业指导书，图示仅供参考！

设备/治工具

静电手套
冰箱
胶枪

××××公司	DRAWN BY 制图	CHECK BY 审查	APPROVED BY 核准	REV 版本	

PCB 检查制作业指导书，见表 7-7。

表 7-7　PCB 检查制作业指导书

产品类型	SPS 产品	工作名称	PCB 检查	工作项次	S003F

检查项目	生产/安全注意事项
检查 PCB 的板号，例如：16-0669。 检查 PCB 的耐温等级，例如：130℃。 检查 PCB 的燃烧等级，例如：94V0。 检查 PCB 的铜箔是否短路、开路、氧化、弯曲变形和损伤。  检查 PCB 的绿油是否良好，不能有铜箔裸露。 检查 PCB 是否印字不清、断字、切割移位等不良。 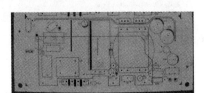	作业人员必须佩戴静电手环、静电手套。 PCB 除尘依"PCB 板除尘作业指导书"作业。 不可用刀片划包装 PCB 板的塑料袋，以免划伤 PCB。 应避免 PCB 板侧面、棱角或其他尖锐物品与 PCB 铜箔面碰撞或摩擦。 PCB 板不可有破损，印字不清等不良状况。 不良品标示后放于红色托盘内。 通用作业指导书，图示仅供参考！物料规格依生产控制表，PCB 印字内容依实物样品为准。
	设备/治工具 静电手套 静电环

作业示意图

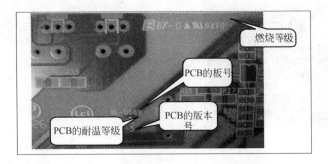

××××公司	DRAWN BY 制图	CHECK BY 审查	APPROVED BY 核准	REV 版本	
				-4-	

7.2.2　相应技能训练

动手做做看

（1）编写锡膏印刷工艺作业指导书。

（2）编写自动贴片工艺作业指导书。

7.2.3　评价标准

本任务以编写表面贴装(SMT)工艺文件中的核心文件作业指导书为载体，介绍了表面贴装(SMT)工艺文件的组成及一般的编写方法和原则，通过编写表面贴装(SMT)工艺文件中的核心文件作业指导书的任务实践，使初学者能举一反三快速掌握编写表面贴装(SMT)工艺文件的方法。表面贴装(SMT)工艺文件评分标准见表7-8。

表 7-8　表面贴装(SMT)工艺文件评分标准

任务二：表面贴装(SMT)工艺文件的编制			组：		
项目	配分	考核要求	扣分标准	扣分记录	得分
任务二	70分	（1）了解表面贴装(SMT)工艺文件	（1）不能说出表面贴装(SMT)工艺文件的基本组成，每处扣3分		
		（2）能正确掌握作业指导书的作用与种类	（2）不能正确掌握作业指导书的作用与种类，每处扣5分		
		（3）能正确理解作业指导书的5W1H原则	（3）不能正确理解作业指导书的5W1H原则，每处扣6分		
		（4）能正确编写(SMT)工艺流程中所需的作业指导书	（4）不能正确编写(SMT)工艺流程中所需的作业指导书，扣40分		
安全、文明工作	30分	（1）不迟到、早退、旷课	（1）不遵守考勤制度，每次扣2～5分		
		（2）保持环境整洁，秩序井然，操作习惯良好	（2）现场不整洁、工作不文明、团队不协作，扣5分		
		（3）小组成员协作和谐，工作态度正确	（3）人为损坏设备、元器件，扣10分		
		（4）无人为损坏仪器、元件和设备	（4）人为损坏仪器、元件和设备，扣20分		
总分：					

思考与练习

1. 简述再流焊和波峰焊的工艺流程。
2. 锡膏印刷有哪些印刷不良现象，如何解决？
3. SMT 贴片、焊接制程有哪些常见缺陷，如何改善？
4. 锡少、胶少、沾锡粒、生半田(冷焊)、移位、短路等焊接制程缺陷如何改善？
5. 判断图 7.58 中是哪类焊接缺陷，并分析产生原因。

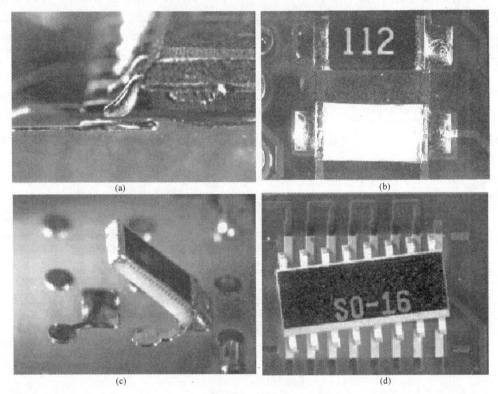

(a)

(b)

(c)

(d)

图 7.58　题 5 图

6. 作业指导书的内容应满足的 5W1H 原则是什么意思？

附录1 指针式万用表和数字式万用表的选用、使用方法及注意事项

1. 指针表和数字表的特点和选用

(1) 指针表读取精度较差，但指针摆动过程比较直观，其摆动速度幅度有时也能比较客观地反映被测量的大小（比如测电视机数据总线 SDL 在传送数据时的轻微抖动）；数字表读数直观，但数字变化的过程看起来杂乱，不太容易察看。

(2) 指针表内一般有两块电池，一块低电压的（1.5V），一块是高电压（9V 或 15V），其黑表笔相对红表笔来说是正端；数字表则常用一块 6V 或 9V 的电池，其红表笔相对黑表笔来说是正端。

(3) 在电阻挡，指针表的表笔输出电流相对数字表来说要大很多，用 R×1Ω 挡可以使扬声器发出响亮的"哒"声，用 R×10kΩ 挡甚至可以点亮发光二极管（LED）。

(4) 在电压挡，指针表内阻相对数字表来说比较小，测量精度比较差，某些高电压微电流的场合无法测准，数字表电压挡的内阻很大，至少在兆欧级，对被测电路影响很小，但极高的输出阻抗使其易受感应电压的影响，在一些电磁干扰比较强的场合测出的数据可能是虚的。一般来说大电流高电压的模拟电路测量中适用指针表，比如电视机、音响功放；在低电压小电流的数字电路测量中适用数字表，比如 BP 机、手机等，但也不是绝对的，可根据情况选用指针表和数字表。

2. 万用表的基本使用方法

(1) 直流电压测量，先将量程开关转至相应 DCV 量程上，然后将测试表笔跨接在被测电路上。

(2) 交流电压测量，先将量程开关转至相应 ACV 量程上，然后将测试表笔跨接在被测电路上。

(3) 直流电流测量：①先将量程开关转至相应的 DCA 挡位上进行机械调零。②选择合适的量程挡位。③使用万用表电流挡测量电流时，应将表串联在被测电路中，因为只有串联才使流过电流表的电流与被测支路电流相同。特别应注意不要将电流表并联在被测电路中，这样做是很危险的，极易使万用表烧毁。④注意被测电量极性。

(4) 交流电流测量：先将量程开关转至相应的 ACA 挡位上，然后将仪表串入被测电路上。

(5) 电阻测量：将量程开关转到相应的电阻量程上，将两表笔跨接在被测电阻上。①选择合适的倍率，指针式万用表在欧姆表测量电阻时，应选适当的倍率使指针指示在中值附近，最好不使用刻度左边三分之一的部分。②使用前要调零。③不能带电测量。④被测电阻不能有并联支路。⑤测量晶体管、电解电容等有极性元件的等效电阻时，必须注意两支笔的极性。⑥用万用表不同倍率的欧姆挡测量非线性元件的等效电阻时，测出电阻值是不同的，这是由于各挡位的中值电阻和满度电流各不同所造成的，指针式表中一般倍率越小，测出的阻值越小。

3. 万用表的基本使用注意事项

(1) 36V 以下的电压为安全电压，在测高于 36V 直流(25V 交流)电压时，要检查表笔是否可靠接触，是否正确连接，是否绝缘良好等，以免电击。

(2) 换功能和量程时，表笔应离开测试点，测试时选择正确的功能和量程，谨防误操作。

(3) 使用指针万用表之前，应先进行机械调零。

(4) 在使用万用表过程中，不能用手去接触表笔的金属部分，这样一方面可以保证测量的准确，另一方面也可以保证人身安全。

(5) 在测量某一电量时，不能在测量的同时换挡，尤其是在测量高电压或大电流时更应注意。否则会使万用表毁坏。如需换挡，应先断开表笔，换挡后再去测量。

(6) 万用表在使用时，必须水平放置，以免造成误差，同时还要注意到避免外界磁场对万用表的影响。

(7) 指针式万用表使用完毕，应将转换开关置于交流电压的最大挡，如果长期不使用，还应将万用表内部的电池取出来，以免电池腐蚀表内其他器件；数字式万用表使用完毕，应将开关关上。

附录 2　思考与练习参考答案

模块一

1. 对电流通过时呈现阻碍作用的元件称为电阻。电阻的主要性能参数包括标称阻值与允许偏差、额定功率、温度系数等。

2. 对固定电阻的检测，一是外观检查，看电阻有无破损情况；二是利用万用表的欧姆挡测量电阻的阻值，将测量值和标称值进行比较，从而判断电阻是否能够正常工作，是否出现短路、断路及老化现象。电位器的检测方法与测量普通电阻类似，但要注意的是，电位除了检测是否正常、短路、断路及老化等几种情况外，还须检测其有无接触不良、磨损严重等故障。敏感电阻的检测，主要是用万用表的欧姆挡检测敏感电阻的阻值，看敏感电阻的阻值随敏感源的变化是否敏感来判断其好坏。

3. 由绝缘材料(介质)隔开的两个导体构成电容器。电容器的主要性能参数包括：标称容量与允许偏差、额定工作电压(也称耐压)、击穿电压、绝缘电阻等。其主要作用是：耦合、旁路、隔直、滤波、移相、延时等。

4. 电解电容器是一种有极性的电容器，其电容量较大。在电路中，电解电容的正极必须接在电路的高电位端，负极接在电路的低电位端；如果接反，电解电容很容易击穿。普通的电容器是无极性的，耐压相对较高。

5. 凡能产生自感作用的元件称为电感器。

电感器的主要性能参数有标称电感量、品质因数、分布电容和线圈的直流电阻等。

6. 电感的主要故障有短路、断路现象。一般采用外观检查结合万用表测试的方法检测电感及变压器的好坏。先进行外观检查，看线圈有无断线、生锈、发霉、松散或烧焦的情况，若无此现象，再用万用表检测电感线圈的直流损耗电阻(通常在几欧~几百欧之间)。若测得线圈的电阻远大于标称值或趋于无穷大，说明电感断路；若测得线圈的电阻远小于标称阻值，说明线圈内部有短路故障。变压器的性能检测方法与电感大致相同，不同之处在于：在没有电气连接的地方，变压器的电阻值应为无穷大；有电气连接之处，有其规定的直流电阻(可查资料得知)。

7. 电阻器、电容器、电感器的主要标志方法有直标法、文字符号法、数码表示法及色标法等。

8. 见下表。

编号	标称电阻值	允许偏差	标志方法
(1)	2200Ω	±10%	直标法
(2)	680Ω	±20%	直标法
(3)	5100Ω	±5%	文字符号法
(4)	$3.6×10^6 Ω$	±5%	文字符号法

（续）

编号	标称电阻值	允许偏差	标志方法
（5）	$82 \times 10^9 \Omega$	±5%	数码法
（6）	$27 \times 10^4 \Omega$	±1%	色标法
（7）	$680 \times 10^3 \Omega$	±10%	色标法

9. 见下表。

编号	标称电容量	允许偏差	标志方法
（1）	5.1nF	±20%	文字符号法
（2）	$10 \times 10^4 \text{pF}$	±5%	数码法
（3）	2.2pF	±20%	文字符号法
（4）	$33 \times 10^{-1} \text{pF}$	±10%	数码法

10. 二极管具有单向导电性。指针式万用表测量二极管极性的方法：将两表笔分别接在二极管的两个电极上，读出测量的阻值；然后将表笔对换，再测量一次，记下第二次阻值。若两次阻值相差很大，说明该二极管性能良好；以测量电阻小的那次表笔接法为准，判断出与黑表笔连接的是二极管的正极，与红表笔连接的是二极管的负极。如果两次测量的阻值都很小，说明二极管已经击穿；如果两次测量的阻值都很大，说明二极管内部已经断路；两次测量的阻值相差不大，说明二极管性能欠佳。在这些情况下，二极管就不能使用了。

11. 稳压二极管的极性与性能好坏的测量与普通二极管的测量方法相似，不同之处在于：当使用万用表的 R×1k 挡测量二极管时，测得其反向电阻是很大的，此时，将万用表转换到 R×10k 挡，如果出现万用表指针向右偏转较大角度，即反向电阻值减小很多的情况，则该二极管为稳压二极管；如果反向电阻基本不变，说明该二极管是普通二极管，而不是稳压二极管。

12. 发光二极管 LED 是一种将电能转换成光能的特殊二极管，是一种新型的冷光源，常用于电子设备的电平指示、模拟显示等场合。它常采用砷化镓、磷化镓等化合物半导体制成。发光二极管的发光颜色主要取决于所用半导体的材料，可以发出红、橙、黄、绿 4 种可见光。发光二极管的外壳是透明的，外壳的颜色表示了它的发光颜色。

13. 晶体管有发射极、基极和集电极 3 个引脚。有 NPN 型和 PNP 型两种。检测可参考 1.4 节。

14. 集成电路 IC 是将半导体器件、电阻、小电容以及电路的连接导线都集成在一块半导体硅片上，具有一定电路功能的电子器件。它具有体积小、质量轻、性能好、可靠性高、损耗小、成本低等优点。按集成度分类，可分为小规模集成电路、中规模集成电路、大规模集成电路和超大规模集成电路。

15. 555 时基集成电路是模拟集成电路，该集成电路可组成脉冲发生器、方波发生器、定时电路、振荡电路和脉宽调制器等电路。

16. 按控制方式分类，开关件分为机械开关、电磁开关和电子开关等。

机械开关的特点：直接、方便、使用范围广，但开关速度慢，使用寿命短。电磁开关的特点：用小电流可以控制大电流或高电压的自动转换，它常用在自动化控制设备和仪器中起自动调节、自动操作、安全保护等作用。电子开关的特点是体积小、开关转换速度快、易于控制、使用寿命长。

17. 在电子设备中，开关是起电路的接通、断开或转换作用的，可分为机械开关、电磁开关、电子开关等。

机械开关主要是使用万用表对开关的绝缘电阻和接触电阻进行测量。若测得绝缘电阻小于几百千欧，说明此开关存在漏电现象；若测得接触电阻大于 0.5Ω，说明该开关存在接触不良的故障。

电磁开关主要是使用万用表的欧姆挡对开关的线圈、开关的绝缘电阻和接触电阻进行测量。继电器的线圈电阻一般在几十欧至几千欧之间，其绝缘电阻和接触电阻值与机械开关基本相同。

电子开关的检测，主要是通过检测二极管的单向导电性和晶体管的好坏来初步判断电子开关的好坏。

18. 熔断器是一种用在交、直流线路和设备中，出现短路和过载时，起保护线路和设备作用的元件。在正常工作时，熔断器相当于开关的接通状态，此时的电阻值接近于零；当电路或设备出现短路或过载现象时，熔断器自动熔断，即切断电源和电路、设备之间的电气联系，保护了线路和设备；熔断器熔断后，其两端电阻值为无穷大。通常使用万用表测量熔断器两端的电阻值。正常时，熔断器两端的电阻值应为较小 ；若电阻值趋于无穷大，说明熔断器已损坏，不能再使用。

19. 估测扬声器好坏方法主要有以下几种。

(1) 方法一：用 1 节 5 号干电池(1.5V)，用导线将其负极与扬声器的某一端相接，再用电池的正极去触碰扬声器另一端，正常的扬声器应发出清脆的"喀喀"声。若扬声器不发声，则说明该扬声器已损坏。若扬声器发声干涩沙哑，则说明该扬声器的质量不佳。

(2) 方法二：指针式将万用表置于 R×1 挡，用红表笔扬声器某一端，用黑表笔去点触扬声器的另一端，正常的扬声器应有"喀喀"声，同时万用表的表针应做同步摆动。若扬声器不发声，万用表指针也不摆动，则说明音圈烧断或引线开路。若扬声器不发声，但表针偏转且阻值基本正常，则是扬声器的振动系统有问题。

模块二

1. 常用的图纸有：零件图、装配图、方框图、电原理图、接线图及印制电路板组装图等。

2. 电原理图是详细说明电子元器件相互之间、电子元器件与单元电路之间、产品组件之间的连接关系，以及电路各部分电气工作原理的图形。它是电子产品设计和编制其他图样的基础，也是产品安装、测试、维修的依据。

电原理图的识读方法：了解电子产品的作用、特点、用途和有关的技术指标，结合电原理方框图从上至下、从左至右，由信号输入端按信号流程，一个单元一个单元电路地熟悉，一直到信号的输出端，由此了解电路的来龙去脉，掌握各组件与电路的连接情况，从而分析出该电子产品的工作原理。

3. 印制电路板组装图是用来表示各种元器件在实际电路板上的具体方位、大小以及各元器件与印制板的连接关系的图样。印制电路板组装图的识读应配合电原理图一起完成。

(1) 首先读懂与之对应的电原理图，找出原理图中基本构成电路的关键元件（如晶体管、集成电路、开关、变压器、喇叭）等。

(2) 在印制电路板上找出接地端。通常大面积铜箔或靠印制板四周边缘的长线铜箔为接地端。

(3) 根据印制板的读图方向，结合电路的关键元件在电路中的位置关系及与接地端的关系，逐步完成印制电路板组装图的识读。

4. 普通导线的加工包括导线的截断和线端头处理，有的还需印标记。对于裸导线，只要按设计要求的长度截断就可以了。对于有绝缘层的导线，其加工分为以下几个过程：剪裁、剥头、捻头（多股线）、搪锡、清洗和印标记等工序。

5. 为了保证安装质量，元器件的引线成形应满足如下技术要求。

(1) 引线成形后，元器件本体不应产生破裂，表面封装不应损坏，引线弯曲部分不允许出现模印、压痕和裂纹。

(2) 引线成形后，其直径的减小或变形不应超过10％，其表面镀层剥落长度不应大于引线直径的1/10。

(3) 引线成形后，元器件的标记应朝上（卧式）或向外（立式），并注意标记的读书方向应一致，以便于检查和日后的维修。

(4) 若引线上有熔接点，在熔接点和元器件本体之间不允许有弯曲点，熔接点到弯曲点之间应保持2mm的间距。

6. 元器件引线成形的方法有：普通工具的手工成形，专用工具（模具）的手工成形和专用设备的成形方法。

7. 常用的螺丝刀有一字形、十字形两大类，又分为手动、自动、电动和风动等形式。还有以组合工具形式出现的组合旋具。

8. 螺丝刀是用于紧固或拆卸螺钉的。选用螺丝刀应根据被装拆的螺钉的端部形状和大小，选用不同规格和端部形状的螺丝刀，应使其旋杆端部尺寸与螺钉槽相适应，螺丝刀的端头厚度也应与螺钉槽的宽度要适应。

9. (1) 尖嘴钳的用途是在焊接点上网绕导线和元器件的引线及布线，以及小量导线及元器件的引线成形。

(2) 斜口钳主要用于剪切导线，尤其适用于剪掉焊接点上网绕导线后多余的线头及印制线路板安放插件的过长的引线。还常用来代替一般剪刀剪切绝缘套管、尼龙扎线卡等。

(3) 钢丝钳主要用于夹持和拧断金属薄板及金属丝等。

10. 镊子在电子产品装配中的作用如下。

(1) 用在焊接时夹持导线和元器件，防止其移动。

(2) 在焊接塑胶绝缘导线时，用镊子夹住塑胶绝缘层向前推动，可使塑胶绝缘层恢复到收缩前的位置。

(3) 用镊子夹着小块泡沫塑料或小团棉纱，蘸上汽油或酒精，可清洗焊接点上的污物。

（4）镊子还常用来摄取微小器件。

（5）在装配件上网绕较细的线材。

（6）绑扎线把时，夹置绑扎线等。

11.　压接钳是无锡焊接中进行压接操作的专用工具。可将待压接的导线与焊片压紧并形成可靠的电气连接。

12.　电烙铁的分类：电烙铁有内热式和外热式两类。根据被焊接产品的要求，现已出现了吸锡电烙铁、恒温电烙铁、防静电电烙铁及自动送锡电烙铁等。

13.　电烙铁主要由烙铁芯、烙铁头和手柄3部分组成。烙铁芯内的电热丝通电后，将电能转换成热能；烙铁头把热量存储起来并传给被焊工件加热，同时熔化焊锡，完成焊接任务；手柄是用于手持操作，并起电绝缘和隔热作用的。

14.　内热式电烙铁的烙铁芯安装在烙铁头的里面，热能的利用率高（高达85％～90％），烙铁头升温快。相同功率时，不但温度高，而且体积小，质量轻。内热式烙铁芯在使用过程的温度集中，长时间工作更易损坏，也不适合做大功率的烙铁。所以，内热式烙铁寿命较短。

外热式电烙铁的烙铁头安装在烙铁芯的里面，即产生热能的烙铁芯在烙铁头外面，其热量从外传到里。其优点是经久耐用、使用寿命长，长时间工作时温度平稳，焊接时不易烫坏元器件。但其体积大，35W的外热式电烙铁温度只相当于20W的内热式电烙铁。

15.　内热式电烙铁的温度与烙铁头的形状、体积、长短等都有一定关系。调节烙铁头的位置，即调节烙铁头与烙铁芯的相对位置，即可调节普通电烙铁的焊接温度。将烙铁头往外移，可使电烙铁的焊接温度下降；而将烙铁头往里移，可使电烙铁的焊接温度上升。

16.　使用电烙铁应注意：①要根据被焊工件的要求，合理选择电烙铁的功率。②烙铁使用过程应轻拿轻放，不能用力敲击，否则极易损坏烙铁芯。③烙铁头加热后，不允许用力甩动烙铁，以免熔融的高温焊锡被甩出后，烫伤操作者或其他人员，或烫伤其他物品，甚至引起火灾。④电烙铁使用过程中，需要放置时，必须稳妥地放置在烙铁架上，避免烫伤他物或引起火灾。⑤烙铁头的形状要适应焊接物的要求。⑥普通烙铁头的工作面变得凹凸不平，影响焊接时，须用锉刀锉平。普通的新烙铁第一次使用前也要用锉刀去掉烙铁头表面的氧化层，并给烙铁头上锡。但对经特殊处理的长寿烙铁头，其表面一般不能用锉刀去修理。

17.　烙铁头有各种不同的形状，常见的有锥形、凿形、圆斜面形等。其中，圆斜面形是烙铁头的通用形式，适用于单片板上焊接不太密集且焊接面积大的焊点；凿形和半凿形烙铁头多用于电气维修工作；尖锥形和圆锥形烙铁头适用于焊接空间小、焊接密度高的焊点或用于焊接小而怕热的元件。

18.　绝缘材料是电流很难流过、具有很高的电阻率的材料。通常情况下，可认为是不导电的材料。电子产品中使用的绝缘材料应具有良好的介电性能，即具有较高的绝缘电阻和耐压强度，还要求耐热性能好，稳定性高。此外，还应具有良好的导热性、耐潮防霉性和较高的机械强度以及加工方便等特点。

19.　常用的安装线分为裸导线和塑胶绝缘电线。裸导线有单股线、多股绞合线、镀锡绞合线、多股编织线、金属板、电阻电热丝等；塑胶绝缘电线有单芯、二芯、三芯、四芯及多芯等，并有各种不同的线径。

20.　电磁线是指由涂漆或包缠纤维作为绝缘层的圆形或扁形铜线，以漆包线为主，纤

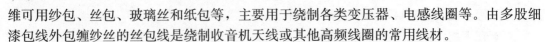

维可用纱包、丝包、玻璃丝和纸包等，主要用于绕制各类变压器、电感线圈等。由多股细漆包线外包缠纱丝的丝包线是绕制收音机天线或其他高频线圈的常用线材。

21. 电源线是用在设备外边，是与用户直接接触并带有危及人身安全的电压的导线。所以它有别于其他导线，必须充分重视安全性。不仅要求产品符合安全标准，还要能在恶劣的条件下使用，并不能让用户产生不安全感。电源软导线都采用双重绝缘方式，即将两根或三根已带绝缘层的芯线放在一起，在它们的外面再加套一层绝缘性能和机械性能好的塑胶层。

22. 同轴电缆与屏蔽线的结构基本相同，都是用于传送电信号的特殊导线，都有静电（高电压）屏蔽、电磁屏蔽和磁屏蔽作用。不同之处在于：①使用的材料不同，电性能不同。②传送电信号的频率不同，屏蔽线主要用于 1MHz 以下频率的信号连接；而同轴电缆主要用于传送高频电信号。③同轴电缆只有单根芯线，而常用的屏蔽线有单芯、双芯、三芯等几种。

模块三

1. 焊接是使金属连接的一种方法，是电子产品生产中必须掌握的一种基本操作技能。

锡焊是使用锡铅合金焊料进行焊接的一种焊接形式；它分为润湿阶段、扩散阶段、焊点的形成阶段 3 个基本过程。

2. 完成锡焊并保证焊接质量，应同时满足以下几个基本条件。

(1) 被焊金属应具有良好的可焊性。

(2) 被焊件应保持清洁。

(3) 选择合适的焊料。

(4) 选择合适的焊剂。

(5) 保证合适的焊接温度。

3. 焊料是一种熔点低于被焊金属，在被焊金属不熔化的条件下，能润湿被焊金属表面，并在接触面处形成合金层的物质，是裸片、包装和电路板装配的连接材料。

电子产品装配中最常用的焊料是锡铅合金焊料。它具有熔点低、机械强度高、抗腐蚀性能好的特点，也常用作元器件和 PCB 板的表面涂层。

4. 助焊剂是进行锡铅焊接的辅助材料，它能去除被焊金属表面的氧化物，防止焊接时被焊金属和焊料再次出现氧化，并降低焊料表面的张力，提高焊料的流动性，有助于焊接，有利于提高焊点的质量。在电子产品的焊接中，常用的助焊剂是松香类焊剂。这种焊剂的特点是有较好的助焊作用，且无腐蚀、绝缘性能好、稳定性高、耐湿性好，焊接后容易清洗。

5. 在完成焊接操作后，焊点周围存在残余焊剂、油污、汗迹、多余的金属物等杂质，这些杂质对焊点有腐蚀、伤害作用，造成绝缘电阻下降、电路短路或接触不良等，因此要对焊点进行清洗。

阻焊剂是一种耐高温的涂料，其作用是保护印制电路板上不需要焊接的部位。使用阻焊剂可防止桥接、短路等现象发生，降低返修率；焊接时，可减小印制电路板受到的热冲击，使印制板的板面不易起泡和分层；使用带有色彩的阻焊剂，使印制板的板面显得整洁美观。

6. 手工焊接握持电烙铁的方法有 3 种：反握法、正握法和笔握法。印制板上的元器件的焊接采用笔握法。

7. 焊接的"五步法"是指将焊接过程分为五个步骤完成，即准备、加热被焊部位、加焊料并熔化焊料、移开焊料、移开烙铁 5 个过程。焊接的"三步法"是指将焊接五个步骤归结为三步完成，即准备、加热被焊部位并熔化焊料、同时移开焊料烙铁 3 个过程。

8. 手工焊接的工艺要求包括以下几点。

(1) 保持烙铁头的清洁。

(2) 采用正确的加热方式。

(3) 焊料和焊剂的用量适中。

(4) 烙铁撤离方法的正确选择。

(5) 焊点的凝固过程。

(6) 焊点清洗。

9. 焊接的常见缺陷分为虚焊、拉尖、桥接、球焊、印制板铜箔起翘、焊盘脱落以及导线焊接不当等。

造成虚焊的主要原因：元器件引线或焊接面未清洁好、焊锡质量差、焊剂性能不好或用量不当、焊接温度掌握不当、焊接结束但焊锡尚未凝固时焊接元件移动等。造成拉尖的主要原因：烙铁头离开焊点的方向不对、电烙铁离开焊点太慢、焊料中杂质太多、焊接时的温度过低等。造成桥接的主要原因：焊锡用量过多、电烙铁使用不当、导线端头处理不好、自动焊接时焊料槽的温度过高或过低等。造成球焊的主要原因：印制板面有氧化物或杂质。造成印制板铜箔起翘、焊盘脱落的主要原因：焊接时间过长、温度过高、反复焊接造成。导线焊接不当的主要原因：导线端头处理不当，或电烙铁使用不当等造成的。

10. 当焊接出现错误、损坏或进行调试维修电子产品时，就要进行拆焊过程。拆焊的基本方法有以下几种。

(1) 分点拆焊法。当需要拆焊的元器件引脚不多，且须拆焊的焊点距其他焊点较远时，可采用分点拆焊法，即一个焊点一个焊点的拆焊。

(2) 集中拆焊法。当需要拆焊的元件引脚不多，且焊点之间的距离很近时，可采用集中拆焊法，即使用电烙铁同时快速交替地加热几个焊点，待这几个焊点同时熔化后，一次拔出拆焊元件。

(3) 断线拆焊法。当被拆焊的元器件可能需要多次更换，或已经拆焊过时，可采用断线拆焊法，即用斜口钳剪去需拆卸的元器件，留出部分引脚，以便更换新元件是连接用。

11. 锡铅合金焊料是惯用的电子元器件引脚和 PCB 板的表面镀层材料和焊接材料，常用的锡铅合金焊料中的铅含量达 38.9% 左右。无铅焊锡是以锡为主体，添加其他金属材料制成的焊接材料。无铅焊锡中铅的含量必须低于 0.1%

由于铅及其化合物对人体有害，含有损伤人类的神经系统、造血系统和消化系统的重金属毒物，导致呆滞、高血压、贫血、生殖功能障碍等疾病，会影响儿童的生长发育、神经行为和语言行为，铅浓度过大，可能致癌，并对土壤、空气和水资源均产生污染，使污染范围迅速扩大。所以要取缔锡铅合金焊料。

12. 目前研制的无铅焊锡是以锡（Sn）为主，添加适量的银（Ag）、锌（Zn）、铜（Cu）、铋（Bi）、铟（In）、锑（Sb）等金属材料制成，要求达到无毒性、无污染、性能好（包括导电、热传导、机械强度、润湿度等方面)、成本低、兼容性强等方面的要求。

13. 与锡铅合金焊料相比，目前的无铅合金焊料存在着以下主要缺陷。

（1）熔点高。无铅焊料的熔点高于锡铅合金焊料大约 34～44℃。烙铁头易氧化，使用寿命缩短；元器件易损坏、PCB 板易变形或铜箔脱落。

（2）可焊性不高。无铅焊料在焊接时，润湿、扩展的面积只有锡铅合金焊料的 1/3 左右，这使焊点的机械强度性能不足。

（3）焊点的氧化严重，造成导电不良，焊点脱落、焊点没有光泽等质量问题。

（4）没有配套的助焊剂，不能起到良好的助焊效果。

（5）成本高。无铅焊料的价格是锡铅合金焊料的 2～3 倍，无铅焊接设备的价格是锡铅焊接设备的 2.5～4 倍。这导致电子产品的成本上升，性价比下降。

14. 接触焊接又称无锡焊接，它是一种不需要焊料和焊剂即可获得可靠连接的焊接技术。

其焊接机理是：通过对被焊件施加冲击、强压或扭曲，使接触面发热，界面分子相互渗透，形成界面化合物结晶体，从而将被焊件连接在一起。

15. 压接、绕接均属于接触焊接。

压接是使用专用工具，在常温下对导线和接线端子施加足够的压力，使两个金属导体产生塑性变形，从而达到可靠电气连接的方法。

绕接是用绕接器将一定长度的单股芯线高速地绕到带棱角的接线柱上，形成牢固的电气连接的方法。

模块四

1. 装配工艺大致可分装配准备、装联、调试、检验、包装、入库或出厂等几个阶段。

2. 手工装配印制电路板的流程如下。

待装元件→引线整形→插件→调整、固定位置→焊接→剪切引线→检验。

3. 电子产品的总装是指将各零部件、插装件以及单元功能整件(如各机电元件、印制电路板、底座以及面板等)，按照设计要求安装在相应的位置上，组合成一个整体，再用导线将元、部件之间进行电气连接，完成一个具有一定功能的完整的机器，以便进行整机调整和测试。总装包括机械和电气两大部分工作。

4. 总装的基本要求：利用合理的安装工艺，实现预定的各项技术指标。总装的基本原则：先轻后重、先铆后装、先里后外、先低后高、易碎后装，上道工序不得影响下道工序的安装。安装的基本要求：牢固可靠，不损伤元件，避免碰坏机箱及元器件的涂覆层，不破坏元器件的绝缘性能，安装件的方向、位置要正确。

5. 总装的质量检查应始终坚持自检、互检、专职检验的"三检"原则，其程序是：先自检，再互检，最后由专职检验人员检验。整机质量的检查包括以下几个方面：外观检查、装联的正确性检查、安全性检查。

6. 电子产品是由众多的元器件组成的，由于各元器件性能参数的不一致(允许误差)，再加上生产过程中其他随机因素的影响，使得装配完的产品在性能方面有较大的差异，通常达不到设计规定的功能和性能指标。这就是必须进行调试(测试与调整)的原因。

7. 调试的目的主要有两个。

（1）发现设计的缺陷和安装的错误，并改进与纠正，或提出改进建议。

（2）通过调整电路参数，避免因元器件参数或装配工艺不一致，而造成电路性能的不一致或功能和技术指标达不到设计要求的情况发生，确保产品的各项功能和性能指标均达到设计要求。

8. 通电调试一般包括通电观察、静态调试和动态调试等几方面。

先通电观察，然后进行静态调试，最后进行动态调试；对于较复杂的电路调试通常采用先分块调试，然后进行总调试的办法。有时还要进行静态和动态的反复交替调试，才能达到设计要求。

9. 整机调试一般流程如下：外观检查→结构调试→通电前检查→通电后检查→电源调试→整机统调→整机技术指标测试→老化→整机技术指标复测→例行试验。

10.（1）测试、调整电路的静态称为静态调试；测试与调整电路输入交流信号后电路各有关点的交流电压和电流，称为动态调试，多以测试与调整电路的信号波形和电路的频率特性为主。

（2）静态调试包括的项目有直流电压和电流的调试。而动态调试包括的项目有交流信号的波形、幅度和频率特性的调试。

（3）静态调试的作用：使电路的静态工作状态达到最佳状态。而动态调试的作用：使电路相关点的交流信号的波形、幅度、频率等参数达到设计要求。

（4）静态调试与动态调试之间的关系是：静态调试是动态调试的基础，动态调试必须在静态调试正常的条件下进行。静态对动态有直接影响。

11. 测试频率特性常用的方法有：点频法、扫频法和方波响应测试法。

（1）点频法的特点：测试设备使用简单，测试原理简单，但测试时间长，测试误差较大，即费时、费力且准确度不高。

（2）扫频测试法是使用专用的频率特性测试仪直接测量并显示出被测电路的频率特性曲线的方法。其测试过程简单，测试速度快，测试误差小、准确度高。

（3）方波响应测试是通过观察方波信号通过电路后的波形来观测被测电路的频率响应。方波响应测试可以更直观地观测被测电路的频率响应，因为方波信号形状规则，出现失真很易观测。

12. 超外差收音机的调试分为基板(单元部件)调试和整机调试两部分。基板调试包括外观检查、静态调试和动态调试。整机调试包括外观检查、开口试听、中频复调、外差跟踪统调及整机全性能测试(包括中频频率、频率范围、噪限灵敏度、单信号选择性、最大有用功率)。

13. 收音机的动态调试主要包括：波形的调试(包括低频放大部分的最大输出功率、额定输出功率、总增益、失真度等)和幅频特性(中频调整等项目)的调试等。

14. 收音机三点统调包括校准频率刻度(频率范围调整)和补偿调整两个方面。一般把这两种调整统称为统调外差跟踪。中波收音机三点统调的三点是指对600kHz、1000kHz和1500kHz 3个频率点进行调整。校准频率刻度时，低端600kHz调本振回路中振荡线圈的电感量即瓷芯；高端1500kHz调本振回路中微调电容器的容量；而中端1000kHz只需要检查。补偿调整时，低端600kHz调输入回路线圈的电感量即调线圈在磁棒上的位置；高端1500kHz调天线调谐回路的微调电容器的容量；而中端1000kHz也只需要检查。

15. 统调的方法有：用高频信号发生器进行统调，利用接收外来广播台进行统调，利用专门发射的调幅信号进行统调以及利用统调仪进行统调。由于收音机的统调是采取三点统调方式进行的，统调过程中各点是分别调整的，而高、低端（各点）是会相互影响，即线圈时主要影响低端频率，但高端也会发生少量变化，同样调微调电容器时低端频率也会发生少量的变化。故高、低端要反复两到三次，才能保证高、低端同时统调合格。

16. 整机调试过程所遇到的故障以焊接和装配故障为主。一般都是机内故障，不会有元器件老化故障。对于新产品样机，则可能存在特有的设计缺陷或元器件参数不合理的故障。整机调试过程中，故障多出现在元器件、线路和装配工艺 3 方面，常见的故障包括：①焊接故障；②装配故障；③元器件安装错误；④元器件失效；⑤连接导线的故障；⑥样机特有的故障。

17. 整机调试过程中的故障处理步骤是先查找、分析出故障的原因，判断故障发生的部位；然后排除故障；最后对修复的整机的各项功能和性能进行全面检验。故障处理一般可分为 4 步：观察、测试分析与判断故障、排除故障和功能、性能检验等。

18. 查找电子产品故障常采用的方法有：观察法、测量法、信号法、比较法、替换法、加热与冷却法、计算机智能自动检测法等。

19. 静态观察法即不通电观察法，是在电子线路通电前，通过目视检查找出电子产品的某些故障。当静态观察未发现异常时，可进一步用动态观察法。动态观察法即通电观察法，是指线路通电后，运用人体视、嗅、听、触觉检查线路故障。通电后，眼看：机内或电路内有无打火、冒烟等现象；鼻闻：机内有无烧焦、烧煳的异味；耳听：有无异常声音；手摸：一些管子、集成电路等是否发烫 ；有时还要摇振电路板、接插件或元器件等发现有无接触不良表现等。发现异常立即断电。

20. 信号注入法就是从信号处理电路的各级输入端，输入已知的外加测试信号，通过终端指示器或检测仪器来判断电路工作状态，从而找出电路故障。信号注入法适合检修各种本身不带信号产生电路、无自激振荡性质的放大电路以及信号产生电路有故障的信号处理电路。

信号寻迹法是信号注入法的逆方法。原理是：检查信号是否能一级一级地往后传送并放大。信号寻迹法是针对信号产生和处理电路的信号流向寻找信号踪迹的检测方法。对于信号处理电路，可从输入端加入一符合要求的信号，然后通过终端指示器或检测仪器从前向后级，或从后向前级，也可将整机分成几块分别探测在哪一级没有信号，经分析来判断故障部位。

21. 替换法是用规格性能相同的正常元器件、电路或部件代替电路中被怀疑的相应部分，从而判断故障所在的一种检测方法，也是电路调试、检修中最常用，最有效的方法之一。实际应用中，替换法有 3 种方式，即元器件替换、单元电路替换和部件替换。计算机的硬件检修常采用部件替换的方法。

22. 调试工作中应特别注意的安全措施有：供电安全、仪器设备安全和操作安全等。

23. 如果电源开关断开地线，则与相线连接的部分仍然带电；对大容量高压电容或超高压电容，在断电后仍然储存了电场能量，即使断电数十天，大电容上仍然会带有很高的电压。

24. 收音机完全无声是一种最常见故障。可用万用表的电流挡通过测试整机电流来检查完全无声的故障。正常收音机的静态电流一般在 $10\sim15\text{mA}$ 左右。

（1）无电流：整机电流为零，即无电流。首先检查电池电压是否达到正常值，电池簧是否生锈腐蚀,有无电池接反的情况。检查电池电压用万用表的 500mA 电流挡快速瞬时测试电池的电流,电足时可达 500mA 以上,当电流小于 250mA,就不能再使用了。

(2)电流大:当整机电流大于 100mA 时,应先关断电源,最好先查功放电路。对用输入输出变压器作功放、推挽管用锗管的,常因锗管穿透电流大,温度稳定性差,ce 结击穿后整机电流大。

(3)电流基本正常:如果整机电流基本正常,但仍无声,应作如下检查:①中放电路工作点低否;②本机振荡起振否;③交流通路断路否。

25. 检查本振是否起振的方法是:用万用表测量本振级发射极电阻上的电压降,然后用手指触振荡级双联电容器的定片,或把定片与动片短路;若发射极电流降低,发射极电阻上的电压也降低,说明振荡器原来是在振荡;若维持原值不变,那就是没有起振。另外还有一个很可靠的测试收音机本机振荡器是否振荡的方法,就是拿另一架收音机放在被测收音机的近旁(距离不要超过 50cm),收听被测机的振荡信号。本振不起振的可能原因有:①集电极电流过小、正常应在 0.3~0.8mA;②双联的振荡联短路;③振荡线圈至发射极的耦合电容器漏电或开路;④印制电路板上的焊锡将相邻线条短路。

26. 产品检验是现代电子企业生产中必不可少的质量监控手段,主要起到对产品生产的过程控制、质量把关、判定产品的合格性等作用。产品的检验应执行自检、互检和专职检验相结合的三级检验制度。

27. 全检又称为全数检验,是指对所有产品 100% 进行逐个检验。根据检验结果对被检的单件产品作出合格与否的判定。抽检又称为抽样检验,是根据数理统计的原则所预先制定的抽样方案,从交验批中抽出部分样品进行检验,根据这部分样品的检验结果,按照抽样方案的判断规则,判定整批产品的质量水平,从而得出该产品是否合格的结论。

装配器材的检验、电子产品整机出库的检验一般采取抽检的检验方式。过程检验、电子产品整机入库的检验一般采取全检的检验方式。

28. 电子整机产品采防护措施的目的是:减少设备受温度、湿度、霉菌、盐雾等环境因素的影响,提高设备的工作可靠性,延长设备的工作寿命。

29. 在电子整机产品的使用和贮存的环境中,影响到电子产品的工作可靠性和使用寿命的主要因素有温度、湿度、霉菌、盐雾等。

模块五

1. 电子产品具有体积小、质量轻,使用广泛,可靠性高,使用寿命长,精度高,技术综合性强,产品更新快等特点。

2. 电子产品生产的基本要求包括:生产企业的设备情况、技术和工艺水平、生产能力和生产周期,以及生产管理水平等方面。

3. 为适应科学发展和合理组织生产的需要,在产品质量、品种规格、零件部件通用等方面规定的统一技术标准,叫作标准化。标准是标准化活动的核心,而标准化活动则是孕育标准的摇篮。

4. 新产品是指过去从未试制或生产过的产品,或指其性能、结构、技术特征等方面与老产品有明显区别或提高的产品。常用的开发新产品的策略有:对现有产品的改造、增加产品的花色品种、仿制和新产品的研制开发等几种。

5. 新产品从研究到生产的整个过程可划分为 3 个阶段：预先研究阶段、设计性试制阶段和生产性试制阶段。

6. 技术文件是电子产品设计、试制、生产、使用和维修的基本理论依据。在生产电子产品的制造业，产品技术文件具有生产法规的效力，必须执行统一的严格标准，实行严明的规范管理，不允许生产者有个人的随意性。按制造业中的技术来分，技术文件可分为设计文件和工艺文件两大类。

7. 设计文件是产品在研究、设计、试制和生产实践过程中积累而形成的图样及技术资料。其作用是：规定了产品的组成形式、结构尺寸、原理以及在制造、验收、使用、维护和修理过程中所必需的技术数据和说明，是组织产品生产的基本依据。

8. 工艺文件是指导工人操作和用于生产、工艺管理等的各种技术文件的总称。其作用是：它是产品加工、装配、检验的技术依据，也是企业组织生产、产品经济核算、质量控制和工人加工产品的主要依据。工艺文件与设计文件同是指导生产的文件。设计文件是原始文件，是生产的依据；而工艺文件是根据设计文件提出的加工方法，以实现设计图纸上的要求并以工艺规程和整机工艺文件图纸指导生产，以保证任务的顺利完成。

9. ISO 9000 是国际质量管理和质量保证标准体系。它由 ISO 9000—1987、9001—1987、9002—1987、9003—1987、9004—1987 等 5 部分组成。各部分的作用为：ISO 9000 是为该标准的选择和使用提供原则指导；它阐述了应用本标准系列时必须共同采用的术语、质量工作目的、质量体系类别、质量体系环境、运用本标准系列的程序和步骤等。ISO 9001、9002 和 9003 是一组三项质量保证模式；它是在合同环境下，供、需双方通用的外部质量保证要求文件。ISO 9004 是指导企业内部建立质量体系的文件；它阐述了质量体系的原则、结构和要素。

10. ISO 9000 质量管理体系是全球公认的系统化和程序化的国际标准管理模式，建立并实施 ISO 9000 质量管理体系，有利于提升环境质量，有利于综合服务管理水平，有利于完善行政管理机制，提高部门之间工作的协调性，有利于实事求是的对部门、个人的业绩进行考核。

11. GB/T 19000 标准系列是我国使用的质量管理和质量保证标准系列，等同于 ISO 9000 标准系列。

GB/T 19000 与 ISO 9000 的关系如下。

(1) GB/T 19000 与 ISO 9000 对应。

(2) GB/T 19001 与 ISO 9001 对应。

(3) GB/T 19002 与 ISO 9002 对应。

(4) GB/T 19003 与 ISO 9003 对应。

(5) GB/T 19004 与 ISO 9004 对应。

模块六

1. 表面贴装技术就是 SMT(Surface Mounted Technology)，是目前电子组装行业里最流行的一种技术和工艺。无须对印制板钻插装孔，直接将表面组装元器件贴、焊到印制板表面规定位置上的装联技术。

2．与 THT 比较，SMT 有以下优点。

（1）采用 SMT 表面贴装技术组装的电子产品具有密度高、电子产品体积小、质量轻的特点，贴片元件的体积和质量只有传统插装元件的 1/10 左右，一般采用 SMT 之后，电子产品体积缩小 40％～60％，质量减轻 60％～80％。

（2）可靠性高、抗震能力强。焊点缺陷率低。

（3）高频特性好，减少了电磁和射频干扰。

（4）易于实现自动化，提高生产效率。降低成本达 30％～50％。

（5）节省材料、能源、设备、人力、时间等。

3．SMT 主要由以下相关的技术组成。

（1）电子元件、集成电路的设计制造技术。

（2）电子产品的电路设计技术 。

（3）电路板的制造技术。

（4）自动贴装设备的设计制造技术。

（5）电路装配制造工艺技术。

（6）装配制造中使用的辅助材料的开发生产技术。

4．电容、电阻的封装形式通常可以有英制和公制两种标示方法。

英制	公制
0402（40mil×20mil）	1005（1.0mm×0.5mm）
0603（60mil×30mil）	1608（1.6mm×0.8mm）
0805（80mil×50mil）	2012（2.0mm×1.2mm）
1206（120mil×60mil）	3216（3.2mm×1.6mm）
1210（120mil×100mil）	3225（3.2mm×2.5mm）
1812（180mil×120mil）	4532（4.5mm×3.2mm）

如 0805 表示 0.08(长)×0.05(宽)英寸。

1 英寸＝1000mil＝25.4mm。

5．电阻，阻值：75Ω；电阻，阻值：2.2kΩ；电阻，阻值：4.7kΩ；电阻，阻值：75Ω；芯片阵列型电阻网络，阻值：82Ω；电解电容，$100\mu F$，耐压：6V。

6．集成电路主要有以下封装方式及特点。

（1）小外形封装集成电路(SOP)：它是由双列直插式封装(DIP)演变而来的，引脚排列在封装体的两侧，两边引脚呈 J 型外弯。

（2）有引线塑封芯片载体(PLCC)：简称 PLCC，由双列直插式封装(DIP)演变而来，四面引脚内弯。

（3）方形扁平封装芯片载体(QFP)：简称 QFP，它是一种塑封多引脚(以翼型结构为主)器件。QFP 封装的特点：四面引脚扁平呈 J 型外弯。

（4）陶瓷芯片载体(LCCC/LDCC)：带引脚的陶瓷片式载体，与 CLCC 字母 C 形状一样，四面引脚内弯。

（5）塑料四周扁平无引线封装（PQFN）：简称 PQFN，也称 Power Quad Flat No - Lead，电源四方扁平无引线，常用于微处理器单元、门阵列或存储器等器件。

PQFN 封装的特点：它类似于 LCCC，封装体为无引脚设计，镀金电极位于塑封体侧面或底部。

（6）球栅阵列封装（Ball Grid Array，BGA），它是近年来发展起来的一种新型封装技术。它将集成电路的引线从封装体的四周"扩展"到了整个平面，有效地避免了QFP"引脚极限"（尺寸和引脚间距限制了引脚数）的问题。

BGA封装的特点：具有安装高度低、引脚间距大、引脚共面性好等显著优点，这些都大大改善了组装的工艺性，电气性能更加优越，特别适合在高频电路中使用。

7. 由进率1英寸＝25.4mm，可计算出长和宽的英制尺寸。

长：3.2÷25.4＝0.1259英寸

宽：1.6÷25.4＝0.0629英寸

所以英制代码为1206。

此电阻的英制尺寸代码为1206。

8. 由进率1英寸＝25.4mm，可计算出长和宽的英制尺寸。

长：1.0÷25.4＝0.04英寸＝40mil

宽：0.5÷25.4＝0.02英寸＝20mil

所以英制代码为0402。

此电阻的英制尺寸代码为0402。

9. 再流焊又称"回流焊"，是伴随微型化电子产品的出现而发展起来的焊接技术，主要应用于各类表面组装元器件的焊接。

它是提供一种加热环境，使预先分配到印制板焊盘上的膏状软钎焊料重新熔化，从而让表面贴装的元器件和PCB焊盘通过焊锡膏合金可靠地给合在一起。

再流焊的特点：操作方法简单，效率高，质量好，一致性好，节省焊料，是一种适合自动化生产的电子产品装配技术，目前已成为SMT电路板组装技术的主流。

波峰焊（Wave Soldering）是利用焊锡槽内的机械式或电磁式离心泵，将熔融焊料压向喷嘴，形成一股向上平稳喷涌的焊料波峰，并源源不断地从喷嘴中溢出。装有元器件的印制电路板以直线平面运动的方式通过焊料波峰，在焊接面上形成浸润焊点而完成焊接。

波峰焊的特点：适合于THT和SMT混合组装的大规模生产，波峰焊是通孔插装技术中使用的传统焊接工艺技术，焊接效果好，对工人操作要求低。

模块七

1. 再流焊工艺流程主要由以下工序组成：焊膏印刷、贴装SMT元器件、再流焊接、检验、清洗、检验、返修。

波峰焊工艺流程主要由以下工序组成：涂覆贴片胶、贴装SMT元器件、加热固化黏合剂、插装THT元器件、波峰焊、清洗、检验、返修。

2. 锡膏印刷不良现象有以下几种。

（1）焊膏图形错位。对策：调整钢板位置，调整基板Mark点设置。

（2）焊膏图形拉尖，有凹陷。对策：调整印刷压力，换金属刮刀，改进模板窗口设计。

（3）焊膏量过多。对策：检查模板窗口尺寸，调节印刷参数，特别是印刷间隙。

（4）焊膏量不均匀，有断点。对策：擦洗钢模板。

（5）图形沾污。对策：擦洗钢模板，换焊膏。

3. SMT 制程常见缺陷有：锡少、胶少、沾锡粒、生半田（冷焊）、移位、短路、竖立、未焊锡（假焊）、浮起、脱落、漏装、损伤、装错、印字不清、方向反、相挨、交叉等。

4.

(1) 锡少的改善方法如下。

① 减少印刷刮刀压力、轻微增大网板与基板之间的印刷间距。

② 增加网板擦拭频率。

③ 适当加大网板开口尺寸。

④ 调整贴装坐标及元件识别方法，使元件贴在铜箔正中间。

⑤ 调整印刷机参数设定，使印刷速度降低。

⑥ 网板开口工艺采用激光加工法，对细间距 IC 通常采用电抛光加工。

(2) 沾锡粒的改善方法如下。

① 避免锡膏直接与空气接触。

② 适当增加预热温度，延长回流曲线图的预热时间。

③ 擦拭网板采用适当的擦拭形式，如：湿、干式等。

④ 针对 Chip 元件开网板时采用防锡珠开口方式，减少锡量。

⑤ 网板开口时将其向外平移 0.3～0.6mm。

⑥ 更换过期锡膏。

⑦ 适当调整回流炉的保温区与回流区的温度。

(3) 生半田（冷焊）的改善方法如下。

① 适当增高回流区的温度与时间范围。

② 更换过期锡膏。

③ 针对有大型元件的基板，回流时可适当增加各温区的温度。

④ 适当调整回流炉的参数设置，降低链速设定或增大风机频率设定。

(4) 移位的改善方法如下。

① 调整实装程序的 X，Y 坐标或角度

② 更改贴装时部品相机识别方式。

③ 确认轨道宽度。

④ 调整吸料位置。

⑤ 适当减少印刷刮刀压力及均匀分布顶针。

⑥ 正确选择吸嘴。

(5) 短路的改善方法如下。

① 适当增大印刷压力。

② 调整印刷位置，使锡膏印在铜箔正中间位置。

③ 合理布置顶针，再调整印刷脱模速度与距离。

④ 网板采用电抛光加工方法。

⑤ 调整贴装坐标或吸料位置。

⑥ 调整印刷机程序中 PCB 厚度设置值。

5. 图 7-60(a)是假焊缺陷。

发生原因如下。

（1）Chip 类元件两端铜箔印刷锡量不均匀。

（2）元件贴装时移位。

（3）元件端子轻微向上翘起变形或端子来料氧化。

（4）回流的预热区时间或温度不够高。

（5）锡膏超过印刷至回流的有效期。

（6）锡膏过期，回流时锡膏的焊料变质。

图 7.58(b)是反白缺陷。

发生原因如下。

（1）程序角度设置错误。

（2）原材料反向。

（3）上料员上料方向上反。

（4）FEEDER 压盖变开导致，元件供给时方向。

（5）机器归正件时反向。

（6）来料方向变更，盘装方向变更后程序未变更方向。

（7）Q、V 轴马达皮带或轴有问题。

图 7.58(c)是立碑缺陷。

发生原因如下。

（1）元件贴装偏移。

（2）印刷锡量较薄或铜箔两边锡量不均匀。

（3）回流炉预热阶段的保温区温度设置低，时间短。

（4）铜箔外形尺寸设计不当。

（5）网板张力不够，松动。

（6）基板表面沾基板屑或其他异物。

（7）Chip 元件两端电极片大小差异较大。

（8）元件受热不均匀所致。

图 7.58(d)是移位缺陷。

发生原因如下。

（1）贴装坐标或角度偏移。

（2）实装机部品相机识别方式选择不适当。

（3）基板定位不稳定。

（4）吸料位置偏移。

（5）印刷时锡量偏少而不均匀。

（6）部品数据库中数据参数设置错误。

6. Where：即在哪里使用此作业指导书。

Who：什么样的人使用该作业指导书。

What：此项作业的名称及内容是什么。

Why：此项作业的目的是干什么。

When：即在什么时候使用此作业指导书。

How：如何按步骤完成作业。

参 考 文 献

［1］ 廖芳. 电子产品制作工艺与实训［M］. 北京：电子工业出版社，2010.

［2］ 郑惠群. 电子产品生产工艺与管理实训［M］. 杭州：浙江科学技术出版社，2012.

［3］ 丁向荣，刘政. 电子产品检验技术［M］. 北京：化学工业出版社，2013.

［4］ 邓皓，肖前军，等. 电子产品调试与检测［M］. 北京：高等教育出版社，2013.

［5］ 陈强. 电子产品设计与制作［M］. 北京：电子工业出版社，2010.

［6］ 王志伟. 电子技术应用项目式教程［M］. 北京：北京大学出版社，2010.

北京大学出版社高职高专机电系列规划教材

序号	书号	书名	编著者	定价	印次	出版日期
		"十二五"职业教育国家规划教材				
1	978-7-301-24455-5	电力系统自动装置(第2版)	王 伟	26.00	1	2014.8
2	978-7-301-24506-4	电子技术项目教程(第2版)	徐超明	42.00	1	2014.7
3	978-7-301-24475-3	零件加工信息分析(第2版)	谢 蕾	52.00	2	2015.1
4	978-7-301-24227-8	汽车电气系统检修(第2版)	宋作军	30.00	1	2014.8
5	978-7-301-24507-1	电工技术与技能	王 平	42.00	1	2014.8
6	978-7-301-24648-1	数控加工技术项目教程(第2版)	李东君	64.00	1	2015.5
7	978-7-301-25341-0	汽车构造(上册)——发动机构造(第2版)	罗灯明	35.00	1	2015.5
8	978-7-301-25529-2	汽车构造(下册)——底盘构造(第2版)	鲍远通	36.00	1	2015.5
9	978-7-301-25650-3	光伏发电技术简明教程	静国梁	29.00	1	2015.6
10	978-7-301-24589-7	光伏发电系统的运行与维护	付新春	33.00	1	2015.7
11	978-7-301-24587-3	制冷与空调技术工学结合教程	李文森等	28.00	1	2015.5
12		电子EDA技术(Multisim)(第2版)	刘训非			2015.5
		机械类基础课				
1	978-7-301-13653-9	工程力学	武昭晖	25.00	3	2011.2
2	978-7-301-13574-7	机械制造基础	徐从清	32.00	3	2012.7
3	978-7-301-13656-0	机械设计基础	时忠明	25.00	3	2012.7
4	978-7-301-13662-1	机械制造技术	宁广庆	42.00	2	2010.11
5	978-7-301-19848-3	机械制造综合设计及实训	裴俊彦	37.00	1	2013.4
6	978-7-301-19297-9	机械制造工艺及夹具设计	徐 勇	28.00	1	2011.8
7	978-7-301-18357-1	机械制图	徐连孝	27.00	1	2012.9
8	978-7-301-25479-0	机械制图——基于工作过程(第2版)	徐连孝	62.00	1	2015.5
9	978-7-301-18143-0	机械制图习题集	徐连孝	20.00	2	2013.4
10	978-7-301-15692-6	机械制图	吴百中	26.00	2	2012.7
11	978-7-301-22916-3	机械图样的识读与绘制	刘永强	36.00	1	2013.8
12	978-7-301-23354-2	AutoCAD应用项目化实训教程	王利华	42.00	1	2014.1
13	978-7-301-17122-6	AutoCAD机械绘图项目教程	张海鹏	36.00	3	2013.8
14	978-7-301-17573-6	AutoCAD机械绘图基础教程	王长忠	32.00	2	2013.8
15	978-7-301-19010-4	AutoCAD机械绘图基础教程与实训(第2版)	欧阳全会	36.00	3	2014.1
16	978-7-301-24536-1	三维机械设计项目教程(UG版)	龚肖新	45.00	1	2014.9
17	978-7-301-17609-2	液压传动	龚肖新	22.00	1	2010.8
18	978-7-301-20752-9	液压传动与气动技术(第2版)	曹建东	40.00	1	2014.1
19	978-7-301-13582-2	液压与气压传动技术	袁 广	24.00	5	2013.8
20	978-7-301-24381-7	液压与气动技术项目教程	武 威	30.00	1	2014.8
21	978-7-301-19436-2	公差与测量技术	余 键	25.00	1	2011.9
22	978-7-5038-4861-2	公差配合与测量技术	南秀蓉	23.00	4	2011.12
23	978-7-301-19374-7	公差配合与技术测量	庄佃霞	26.00	2	2013.8
24	978-7-301-25614-5	公差配合与测量技术项目教程	王丽丽	26.00	1	2015.4
25	978-7-301-25953-5	金工实训(第2版)	柴增田	38.00	1	2015.6
26	978-7-301-13651-5	金属工艺学	柴增田	27.00	2	2011.6
27	978-7-301-17608-5	机械加工工艺编制	于爱武	45.00	2	2012.2
28	978-7-301-23868-4	机械加工工艺编制与实施(上册)	于爱武	42.00	1	2014.3
29	978-7-301-24546-0	机械加工工艺编制与实施(下册)	于爱武	42.00	1	2014.7
30	978-7-301-21988-1	普通机床的检修与维护	宋亚林	33.00	1	2013.1
31	978-7-5038-4869-8	设备状态监测与故障诊断技术	林英志	22.00	3	2011.8

序号	书号	书名	编著者	定价	印次	出版日期
32	978-7-301-22116-7	机械工程专业英语图解教程(第2版)	朱派龙	48.00	2	2015.5
33	978-7-301-23198-2	生产现场管理	金建华	38.00	1	2013.9
34	978-7-301-24788-4	机械CAD绘图基础及实训	杜洁	30.00	1	2014.9
数控技术类						
1	978-7-301-17148-6	普通机床零件加工	杨雪青	26.00	2	2013.8
2	978-7-301-17679-5	机械零件数控加工	李文	38.00	1	2010.8
3	978-7-301-13659-1	CAD/CAM实体造型教程与实训(Pro/ENGINEER版)	诸小丽	38.00	4	2014.7
4	978-7-301-24647-6	CAD/CAM数控编程项目教程(UG版)(第2版)	慕灿	48.00	1	2014.8
5	978-7-5038-4865-0	CAD/CAM数控编程与实训(CAXA版)	刘玉春	27.00	3	2011.2
6	978-7-301-21873-0	CAD/CAM数控编程项目教程(CAXA版)	刘玉春	42.00	1	2013.3
7	978-7-5038-4866-7	数控技术应用基础	宋建武	22.00	2	2010.7
8	978-7-301-13262-3	实用数控编程与操作	钱东东	32.00	4	2013.8
9	978-7-301-14470-1	数控编程与操作	刘瑞已	29.00	2	2011.2
10	978-7-301-20312-5	数控编程与加工项目教程	周晓宏	42.00	1	2012.3
11	978-7-301-23898-1	数控加工编程与操作实训教程(数控车分册)	王忠斌	36.00	1	2014.6
12	978-7-301-20945-5	数控铣削技术	陈晓罗	42.00	1	2012.7
13	978-7-301-21053-6	数控车削技术	王军红	28.00	1	2012.8
14	978-7-301-25927-6	数控车削编程与操作项目教程	肖国涛	26.00	1	2015.7
15	978-7-301-17398-5	数控加工技术项目教程	李东君	48.00	1	2010.8
16	978-7-301-21119-9	数控机床及其维护	黄应勇	38.00	1	2012.8
17	978-7-301-20002-5	数控机床故障诊断与维修	陈学军	38.00	1	2012.1
模具设计与制造类						
1	978-7-301-23892-9	注射模设计方法与技巧实例精讲	邹继强	54.00	1	2014.2
2	978-7-301-24432-6	注射模典型结构设计实例图集	邹继强	54.00	1	2014.6
3	978-7-301-18471-4	冲压工艺与模具设计	张芳	39.00	1	2011.3
4	978-7-301-19933-6	冷冲压工艺与模具设计	刘洪贤	32.00	1	2012.1
5	978-7-301-20414-6	Pro/ENGINEER Wildfire产品设计项目教程	罗武	31.00	1	2012.5
6	978-7-301-16448-8	Pro/ENGINEER Wildfire设计实训教程	吴志清	38.00	1	2012.8
7	978-7-301-22678-0	模具专业英语图解教程	李东君	22.00	1	2013.7
电气自动化类						
1	978-7-301-18519-3	电工技术应用	孙建领	26.00	1	2011.3
2	978-7-301-17569-9	电工电子技术项目教程	杨德明	32.00	3	2014.8
3	978-7-301-22546-2	电工技能实训教程	韩亚军	22.00	1	2013.6
4	978-7-301-22923-1	电工技术项目教程	徐超明	38.00	1	2013.8
5	978-7-301-12390-4	电力电子技术	梁南丁	29.00	3	2013.5
6	978-7-301-17730-3	电力电子技术	崔红	23.00	1	2010.9
7	978-7-301-19525-3	电工电子技术	倪涛	38.00	1	2011.9
8	978-7-301-24765-5	电子电路分析与调试	毛玉青	35.00	1	2015.3
9	978-7-301-16830-1	维修电工技能与实训	陈学平	37.00	1	2010.7
10	978-7-301-12180-1	单片机开发应用技术	李国兴	21.00	2	2010.9
11	978-7-301-20000-1	单片机应用技术教程	罗国荣	40.00	1	2012.2
12	978-7-301-21055-0	单片机应用项目化教程	顾亚文	32.00	1	2012.8
13	978-7-301-17489-0	单片机原理及应用	陈高锋	32.00	1	2012.9
14	978-7-301-24281-0	单片机技术及应用	黄贻培	30.00	1	2014.7
15	978-7-301-22390-1	单片机开发与实践教程	宋玲玲	24.00	1	2013.6

序号	书号	书名	编著者	定价	印次	出版日期
16	978-7-301-17958-1	单片机开发入门及应用实例	熊华波	30.00	1	2011.1
17	978-7-301-16898-1	单片机设计应用与仿真	陆旭明	26.00	2	2012.4
18	978-7-301-19302-0	基于汇编语言的单片机仿真教程与实训	张秀国	32.00	1	2011.8
19	978-7-301-12181-8	自动控制原理与应用	梁南丁	23.00	3	2012.1
20	978-7-301-19638-0	电气控制与PLC应用技术	郭 燕	24.00	1	2012.1
21	978-7-301-18622-0	PLC与变频器控制系统设计与调试	姜永华	34.00	1	2011.6
22	978-7-301-19272-6	电气控制与PLC程序设计(松下系列)	姜秀玲	36.00	1	2011.8
23	978-7-301-12383-6	电气控制与PLC(西门子系列)	李 伟	26.00	2	2012.3
24	978-7-301-18188-1	可编程控制器应用技术项目教程(西门子)	崔维群	38.00	2	2013.6
25	978-7-301-23432-7	机电传动控制项目教程	杨德明	40.00	1	2014.1
26	978-7-301-12382-9	电气控制及PLC应用(三菱系列)	华满香	24.00	2	2012.5
27	978-7-301-22315-4	低压电气控制安装与调试实训教程	张 郭	24.00	1	2013.4
28	978-7-301-24433-3	低压电器控制技术	肖朋生	34.00	1	2014.7
29	978-7-301-22672-8	机电设备控制基础	王本轶	32.00	1	2013.7
30	978-7-301-18770-8	电机应用技术	郭宝宁	33.00	1	2011.5
31	978-7-301-23822-6	电机与电气控制	郭夕琴	34.00	1	2014.8
32	978-7-301-17324-4	电机控制与应用	魏润仙	34.00	1	2010.8
33	978-7-301-21269-1	电机控制与实践	徐 锋	34.00	1	2012.9
34	978-7-301-12389-8	电机与拖动	梁南丁	32.00	2	2011.12
35	978-7-301-18630-5	电机与电力拖动	孙英伟	33.00	1	2011.3
36	978-7-301-16770-0	电机拖动与应用实训教程	任娟平	36.00	1	2012.11
37	978-7-301-22632-2	机床电气控制与维修	崔兴艳	28.00	1	2013.7
38	978-7-301-22917-0	机床电气控制与PLC技术	林盛昌	36.00	1	2013.8
39	978-7-301-18470-7	传感器检测技术及应用	王晓敏	35.00	2	2012.7
40	978-7-301-20654-6	自动生产线调试与维护	吴有明	28.00	1	2013.1
41	978-7-301-21239-4	自动生产线安装与调试实训教程	周 洋	30.00	1	2012.9
42	978-7-301-18852-1	机电专业英语	戴正阳	28.00	2	2013.8
43	978-7-301-24764-8	FPGA应用技术教程(VHDL版)	王真富	38.00	1	2015.2
44	978-7-301-26201-6	电气安装与调试技术	卢 艳	38.00	1	2015.8
45	978-7-301-26215-3	可编程控制器编程及应用(欧姆龙机型)	姜凤武	27.00	1	2015.8
汽车类						
1	978-7-301-17694-8	汽车电工电子技术	郑广军	33.00	1	2011.1
2	978-7-301-19504-8	汽车机械基础	张本升	34.00	1	2011.10
3	978-7-301-19652-6	汽车机械基础教程(第2版)	吴笑伟	28.00	2	2012.8
4	978-7-301-17821-8	汽车机械基础项目化教学标准教程	傅华娟	40.00	2	2014.8
5	978-7-301-19646-5	汽车构造	刘智婷	42.00	1	2012.1
6	978-7-301-25341-0	汽车构造(上册)——发动机构造(第2版)	罗灯明	35.00	1	2015.5
7	978-7-301-25529-2	汽车构造(下册)——底盘构造(第2版)	鲍远通	36.00	1	2015.5
8	978-7-301-13661-4	汽车电控技术	祁翠琴	39.00	6	2015.2
9	978-7-301-19147-7	电控发动机原理与维修实务	杨洪庆	27.00	1	2011.7
10	978-7-301-13658-4	汽车发动机电控系统原理与维修	张吉国	25.00	2	2012.4
11	978-7-301-18494-3	汽车发动机电控技术	张 俊	46.00	2	2013.8
12	978-7-301-21989-8	汽车发动机构造与维修(第2版)	蔡兴旺	40.00	1	2013.1
14	978-7-301-18948-1	汽车底盘电控原理与维修实务	刘映凯	26.00	1	2012.1
15	978-7-301-19334-1	汽车电气系统检修	宋作军	25.00	2	2014.1
16	978-7-301-23512-6	汽车车身电控系统检修	温立全	30.00	1	2014.1
17	978-7-301-18850-7	汽车电器设备原理与维修实务	明光星	38.00	2	2013.9
18	978-7-301-20011-7	汽车电器实训	高照亮	38.00	1	2012.1
19	978-7-301-22363-5	汽车车载网络技术与检修	闫炳强	30.00	1	2013.6

序号	书号	书名	编著者	定价	印次	出版日期
20	978-7-301-14139-7	汽车空调原理及维修	林 钢	26.00	3	2013.8
21	978-7-301-16919-3	汽车检测与诊断技术	娄 云	35.00	2	2011.7
22	978-7-301-22988-0	汽车拆装实训	詹远武	44.00	1	2013.8
23	978-7-301-18477-6	汽车维修管理实务	毛 峰	23.00	1	2011.3
24	978-7-301-19027-2	汽车故障诊断技术	明光星	25.00	1	2011.6
25	978-7-301-17894-2	汽车养护技术	隋礼辉	24.00	1	2011.3
26	978-7-301-22746-6	汽车装饰与美容	金守玲	34.00	1	2013.7
27	978-7-301-25833-0	汽车营销实务(第 2 版)	夏志华	32.00	1	2015.6
28	978-7-301-19350-1	汽车营销服务礼仪	夏志华	30.00	3	2013.8
29	978-7-301-15578-3	汽车文化	刘 锐	28.00	4	2013.2
30	978-7-301-20753-6	二手车鉴定与评估	李玉柱	28.00	1	2012.6
31	978-7-301-17711-2	汽车专业英语图解教程	侯锁军	22.00	5	2015.2
电子信息、应用电子类						
1	978-7-301-19639-7	电路分析基础(第 2 版)	张丽萍	25.00	1	2012.9
2	978-7-301-19310-5	PCB 板的设计与制作	夏淑丽	33.00	1	2011.8
3	978-7-301-21147-2	Protel 99 SE 印制电路板设计案例教程	王 静	35.00	1	2012.8
4	978-7-301-18520-9	电子线路分析与应用	梁玉国	34.00	1	2011.7
5	978-7-301-12387-4	电子线路 CAD	殷庆纵	28.00	4	2012.7
6	978-7-301-12390-4	电力电子技术	梁南丁	29.00	2	2010.7
7	978-7-301-17730-3	电力电子技术	崔 红	23.00	1	2010.9
8	978-7-301-19525-3	电工电子技术	倪 涛	38.00	1	2011.9
9	978-7-301-18519-3	电工技术应用	孙建领	26.00	1	2011.3
10	978-7-301-22546-2	电工技能实训教程	韩亚军	22.00	1	2013.6
11	978-7-301-22923-1	电工技术项目教程	徐超明	38.00	1	2013.8
12	978-7-301-17569-9	电工电子技术项目教程	杨德明	32.00	3	2014.8
14	978-7-301-17712-9	电子技术应用项目式教程	王志伟	32.00	2	2012.7
15	978-7-301-22959-0	电子焊接技术实训教程	梅琼珍	24.00	1	2013.8
16	978-7-301-17696-2	模拟电子技术	蒋 然	35.00	1	2010.8
17	978-7-301-13572-3	模拟电子技术及应用	刁修睦	28.00	3	2012.8
18	978-7-301-18144-7	数字电子技术项目教程	冯泽虎	28.00	1	2011.1
19	978-7-301-19153-8	数字电子技术与应用	宋雪臣	33.00	1	2011.9
20	978-7-301-20009-4	数字逻辑与微机原理	宋振辉	49.00	1	2012.1
21	978-7-301-12386-7	高频电子线路	李福勤	20.00	3	2013.8
22	978-7-301-20706-2	高频电子技术	朱小祥	32.00	1	2012.6
23	978-7-301-18322-9	电子 EDA 技术(Multisim)	刘训非	30.00	2	2012.7
24	978-7-301-14453-4	EDA 技术与 VHDL	宋振辉	28.00	2	2013.8
25	978-7-301-22362-8	电子产品组装与调试实训教程	何 杰	28.00	1	2013.6
26	978-7-301-19326-6	综合电子设计与实践	钱卫钧	25.00	2	2013.8
27	978-7-301-17877-5	电子信息专业英语	高金玉	26.00	2	2011.11
28	978-7-301-23895-0	电子电路工程训练与设计、仿真	孙晓艳	39.00	1	2014.3
29	978-7-301-24624-5	可编程逻辑器件应用技术	魏 欣	26.00	1	2014.8
30	978-7-301-26156-9	电子产品生产工艺与管理	徐中贵	38.00	1	2015.8

如您需要更多教学资源如电子课件、电子样章、习题答案等，请登录北京大学出版社第六事业部官网 www.pup6.cn 搜索下载。

如您需要浏览更多专业教材，请扫下面的二维码，关注北京大学出版社第六事业部官方微信（微信号：pup6book），随时查询专业教材、浏览教材目录、内容简介等信息，并可在线申请纸质样书用于教学。

感谢您使用我们的教材，欢迎您随时与我们联系，我们将及时做好全方位的服务。联系方式：010-62750667，329056787@qq.com，pup_6@163.com，lihu80@163.com，欢迎来电来信。客户服务 QQ 号：1292552107，欢迎随时咨询。